Ulf Friedrichsdorf
Alexander Prestel

Mengenlehre
für den Mathematiker

vieweg studium
Grundkurs Mathematik

Diese Reihe wendet sich an den Studenten der mathematischen, naturwissenschaftlichen und technischen Fächer. Ihm — und auch dem Schüler der Sekundarstufe II — soll die Vorbereitung auf Vorlesungen und Prüfungen erleichtert und gleichzeitig ein Einblick in die Nachbarfächer geboten werden. Die Reihe wendet sich aber auch an den Mathematiker, Naturwissenschaftler und Ingenieur in der Praxis und an die Lehrer dieser Fächer.

Zu der Reihe vieweg studium gehören folgende Abteilungen:

Basiswissen, Grundkurs und Aufbaukurs Mathematik, Physik, Chemie, Biologie

Ulf Friedrichsdorf
Alexander Prestel

Mengenlehre
für den Mathematiker

Friedr. Vieweg & Sohn
Braunschweig / Wiesbaden

Dr. rer. nat. *Ulf Friedrichsdorf* ist wissenschaftlicher Mitarbeiter an der Fakultät für Mathematik der Universität Konstanz, 7750 Konstanz.

Dr. rer. nat. *Alexander Prestel* ist ord. Professor an der Fakultät für Mathematik der Universität Konstanz, 7750 Konstanz.

1985

Satz: Vieweg, Wiesbaden
Druck und buchbinderische Verarbeitung: W. Langelüddecke, Braunschweig
Printed in Germany

ISBN   3-528-07258-X   (Paperback)

Vorwort

Das vorliegende Büchlein ist aus Vorlesungen hervorgegangen, die wir abwechselnd an der Universität Konstanz hielten und noch immer halten. Die Absicht dieser Vorlesung ist es, Mathematikstudenten mittlerer Semester einen Einblick in die Mengenlehre zu vermitteln, der ihnen gleichzeitig die für die Mathematik wichtigsten mengentheoretischen Begriffe und Sätze an die Hand gibt.

Diese Vorlesung halten wir gewöhnlich zweistündig im Sommersemester. Hieraus resultiert die Anzahl der Kapitel — jede Woche wird ein Kapitel besprochen. Wir setzen dabei eine gewisse Vertrautheit des Studenten im naiven Umgang mit Mengen aus den ersten Semestern voraus. Auch führen wir bei Anwendungen der Mengenlehre nicht alle Beweise detailliert aus, sondern begnügen uns oft mit der Angabe der wichtigsten Schritte. Dies gilt zum Beispiel für den Aufbau des Zahlsystems, speziell für die Kapitel 4 und 5. Um in Kapitel 10 neben einfachen Anwendungen des Auswahlaxioms auch tieferliegende bringen zu können, sind wirt dort gezwungen, Vertrautheit mit den Begriffen und Sätzen der jeweiligen Theorie vorauszusetzen. Grundsätzlich lassen sich jedoch alle in Beweisen bestehenden Lücken routinemäßig schließen.

Der von uns gewählte Zugang zur Mengenlehre ist axiomatisch, vermeidet jedoch möglichst eine zu formale Darstellung. Wir versuchen, der mathematischen Praxis so nahe wie möglich zu bleiben, ohne dadurch allerdings eine mögliche Formalisierbarkeit aus den Augen zu verlieren. Über die Durchführung einer solchen Formalisierung (nach von Neumann, Gödel, Bernays) berichten wir im Epilog.

Für die sorgfältige Lektüre des gesamten Manuskriptes und viele das Bild abrundende Hinweise sind wir Camilla Grob und Franz-Viktor Kuhlmann zu Dank verpflichtet. Dank schulden wir auch Edda Polte für die mühevolle Erstellung des Manuskriptes.

Konstanz, im Sommer 1984

Ulf Friedrichsdorf
Alexander Prestel

Inhaltsverzeichnis

Kapitel 1 Mengen und Klassen

Bevor die für dieses Buch verbindlichen Axiome vorgestellt werden, soll zuerst in einigen Vorbetrachtungen der Gebrauch eben dieser Axiomatisierung motiviert werden.

Im Jahre 1873 entdeckte Georg Cantor, daß die Menge der reellen algebraischen Zahlen abzählbar ist. Wenige Wochen nach dieser Entdeckung konnte er zeigen, daß im Gegensatz hierzu die Menge aller reellen Zahlen nicht abzählbar ist. Daraus ergab sich insbesondere ein neuer Beweis für die Existenz transzendenter Zahlen.

Ausgehend von dieser Entdeckung, daß auch unendliche Mengen größenmäßige Unterschiede aufweisen, sind dann von Cantor die Grundzüge einer Theorie der unendlichen Mächtigkeiten ausgearbeitet worden. — Neben dieser Theorie der Mächtigkeiten ist Cantor, anknüpfend an seine früheren Untersuchungen über trigonometrische Reihen, zur transfiniten Ordinalzahltheorie gelangt.

Mengen wurden schon lange vor Cantor mehr oder weniger explizit zu mathematischen Untersuchungen benützt. Anstelle des Wortes „Menge" wurden oft Worte wie „Bereich", „Mannigfaltigkeit", „Gesamtheit" und „Inbegriff" gebraucht. Aber erst Cantor formulierte die Begriffe, die zu einer methodischen Untersuchung unendlicher Mengen notwendig sind. Dazu gehören Begriffe wie „gleichmächtig", „Kardinalzahl", „ordnungsisomorph" und „Ordinalzahl".

Im Laufe der weiteren Untersuchungen zur Mengenlehre und ihrer Begründung konnten die intuitiven Vorstellungen Cantors präzisiert werden — und es gelang, geeignete Axiomensysteme für die Mengenlehre zu formulieren. Es zeigte sich dann, daß im Rahmen einer solchen Mengenlehre die gewohnten mathematischen Objekte — wie zum Beispiel die natürlichen, ganzen, rationalen und reellen Zahlen — rekonstruierbar sind und ihre charakteristischen Eigenschaften im Rahmen der Mengenlehre beweisbar werden. In diesem Sinne ist die Mengenlehre ein Rahmen, in dem man Mathematik begründen und betreiben kann.

Wir wollen nun die Grundgedanken einer solchen Mengentheorie erläutern. — Cantor umschreibt in einer Arbeit aus dem Jahre 1895 den Begriff „Menge" wie folgt:

> Unter einer „Menge" verstehen wir jede Zusammenfassung M von bestimmten wohlunterschiedenen Objekten m unserer Anschauung oder unseres Denkens (welche Elemente von M genannt werden) zu einem Ganzen.

Dies kann man nicht als eine Definition des Begriffes Menge ansehen. Denn der zu erklärende Begriff wird nicht auf klare und präzise Begriffe, die wir schon haben, zurückgeführt (was heißt zum Beispiel „Zusammenfassung"?). Hier wird vielmehr nur eine Umschreibung des Begriffs gegeben, die möglicherweise geeignet ist, gewisse Vorstellungen zu erwecken.

Wir werden im folgenden auch gar nicht erst den Versuch machen, zu sagen, was eine Menge an sich ist — sondern wir werden sagen, was wir über die Beziehungen von Mengen zueinander annehmen wollen. Wir werden dann aus diesen Annahmen (auch Axiome der Mengenlehre genannt) auf rein logischem Wege den Aufbau der Mengentheorie vollziehen. Dieses Verfahren findet sein Vorbild im axiomatischen Aufbau der Geometrie. — In Hilberts Axiomatisierung der Geometrie etwa wird auch nicht gesagt, was ein Punkt, eine Gerade oder Ebene ist, sondern es werden Aussagen, die die Beziehungen zwischen diesen Begriffen regeln, an den Anfang gestellt. — Es ist verständlich, daß wir bei dieser Verfahrensweise nur solche Aussagen als Annahmen einführen möchten, die direkt aus unseren intuitiven Vorstellungen und Anschauungen kommen. Außerdem hoffen wir, daß es uns möglich ist, so viel über die Beziehungen der verwendeten Begriffe zueinander zu sagen, daß diese dadurch weitgehend festgelegt sind.

Wir wollen nun versuchen, unsere Vorstellungen und Anschauungen über Mengen ein wenig zu entwickeln, um so die Aufstellung unserer Axiome zu motivieren. Hierbei stellen wir uns auf den im Moment nicht gerade plausiblen Standpunkt, daß alle Dinge (wir interessieren uns hier nur für mathematische!) Mengen sind. Dieses Vorgehen wird später dadurch gerechtfertigt, daß es tatsächlich gelingt, alle gängigen mathematischen Objekte als Mengen einzuführen.

Nach Cantors Beschreibung führt das Zusammenfassen von Objekten — also insbesondere von Mengen — (wieder) zu Mengen. Seien beispielsweise die Mengen m_1, m_2, m_3 gegeben, so läßt sich eine neue Menge bilden, die genau diese drei Mengen als Elemente hat. Wir verstehen dieses Zusammenfassen so, daß das neue Objekt allein durch Angabe der Elemente (unabhängig zum Beispiel von der Reihenfolge) bestimmt ist — und schreiben dafür $\{m_1, m_2, m_3\}$. Die Ausdrücke $\{m_1, m_2, m_3\}$ und $\{m_1, m_3, m_2\}$ bezeichnen also dieselbe Menge.

Sind m und n Mengen, so schreiben wir „$m \in n$" für „m ist ein Element von n" und „$m \notin n$" für „m ist kein Element von n".

Die Aussage, daß Mengen allein durch ihre Elemente bestimmt sind, formulieren wir im sogenannten Extensionalitätsaxiom:

> Zwei Mengen sind genau dann gleich,
> wenn sie die gleichen Elemente haben.

Um dieses Axiom richtig zu verstehen, ist es wichtig, sich vor Augen zu halten, daß wir keine explizite Definition des Begriffs „Menge" haben. Unsere Vorstellung im Rahmen einer Axiomatik der Mengenlehre ist vielmehr, daß wir irgendwelche Objekte haben, die wir Mengen nennen. Weiter stellen wir uns vor, daß wir außerdem eine Beziehung haben, die wir Elementbeziehung nennen. Von dieser Beziehung

nehmen wir zunächst nur an, daß sie auf je zwei unserer Objekte entweder zutrifft
oder nicht zutrifft. Alle weiteren Annahmen, die über diese einfachen Voraussetzungen hinausgehen, müssen wir explizit formulieren. Im Extensionalitätsaxiom
ist eine erste zusätzliche Bedingung an die Elementbeziehung formuliert.

Wir haben vorher festgestellt, daß man Mengen durch direkte Angabe der Elemente
bilden kann. Ein Blick in die mathematische Praxis zeigt, daß dies nicht die einzige
Möglichkeit zur Bildung neuer Mengen sein kann. Man betrachtet zum Beispiel
die Menge aller geraden natürlichen Zahlen, die Menge aller Primzahlen, die Menge
aller Häufungspunkte einer Menge von reellen Zahlen und so weiter. − Hier werden Mengen nicht durch direkte Aufzählung gegeben, sondern es werden Dinge zu
einer Menge zusammengefaßt, die einer gewissen Eigenschaft genügen. Dies bezeichnet man als Komprehension. Es liegt nun nahe, diesen Übergang von Eigenschaften zu Mengen zum Axiom zu erheben:

> Zu jeder Eigenschaft (von Mengen) $\mathscr{E}$ gibt es eine Menge m, deren
> Elemente genau die Mengen sind, auf die $\mathscr{E}$ zutrifft.

Die zu einer Eigenschaft $\mathscr{E}$ korrespondierende Menge ist aufgrund des Exten-
sionalitätsaxioms eindeutig bestimmt. Wir bezeichnen die zu $\mathscr{E}$ gehörige Menge
mit $\{x \mid \mathscr{E}(x)\}$ (lies: Menge aller Mengen x, auf die $\mathscr{E}$ zutrifft). Das Komprehensionsaxiom gestattet die Einführung einer Vielzahl von Mengen. Beispielsweise
läßt sich die leere Menge, das heißt die Menge ohne Elemente, durch
$\emptyset := \{x \mid x \neq x\}$ einführen. Ein weiteres Beispiel ist die Paarmenge zweier
Mengen m und n

$$\{m, n\} := \{x \mid x = m \quad \text{oder} \quad x = n\},$$

die genau m und n als Elemente hat.

Dieses bestechend einfache Axiom führt aber − wie B. Russell 1901 bemerkte −
bei uneingeschränktem Gebrauch der Eigenschaften zu Widersprüchen. Zu der
Eigenschaft $x \notin x$ gäbe es nach dem Komprehensionsaxiom die Menge

$$m := \{x \mid x \notin x\}.$$

Für eine beliebige Menge x wäre dann

$$x \in m \Longleftrightarrow x \notin x.$$

Daher hätten wir für m selbst

$$m \in m \Longleftrightarrow m \notin m.$$

Dieser Widerspruch zeigt, daß das Komprehensionsaxiom viel zu allgemein ist.
Es ist also ratsam, vorsichtiger vorzugehen. Hier bieten sich im wesentlichen zwei
Möglichkeiten an. Bei der ersten hält man am Standpunkt, daß alle Objekte Mengen sind, fest und regelt durch Axiome, welche Komprehensionen erlaubt sein
sollen, d.h. wieder zu Mengen führen sollen.

Die zweite Möglichkeit, die wir hier verfolgen wollen, gibt diesen Standpunkt auf und führt allgemeinere Objekte — Klassen genannt — ein, unter denen als spezielle Objekte die Mengen vorkommen. Diese Unterscheidung kann man sich so vorstellen, daß der Prozeß der Komprehension in zwei Schritte zerlegt wird — nämlich das „Zusammenfassen" von Mengen einer gewissen Eigenschaft und das „zur Menge machen" des Zusammengefaßten. Zusammenfassungen von Mengen einer gewissen Eigenschaft sind immer ausführbar, sie ergeben aber im allgemeinen nur Klassen. Wann eine Klasse sogar Menge ist, werden wir axiomatisch festlegen. Grob gesagt, werden wir eine Klasse zu einer Menge machen, wenn die entsprechende Eigenschaft „vernünftig" und „überschaubar" ist. Hilfreich ist die Vorstellung, daß Mengen „kleine" Klassen sind.

In den vorhergehenden Betrachtungen haben wir immer wieder den Begriff „Eigenschaft von Mengen" benutzt. Diesen Begriff müßten wir nun präzisieren. Die Präzisierung wollen wir jedoch zurückstellen, wir werden in diesem Punkte vorerst weiter anschaulich, naiv verfahren.

Nach diesen Vorbetrachtungen wollen wir nun die für den Rest des Buches verbindlichen Axiome vorstellen und gleichzeitig motivieren.

Die Objekte, über die die Axiome etwas aussagen, nennen wir „Klassen"-spezielle Klassen werden „Mengen" heißen. Als einziges Grundzeichen verwenden wir die Beziehung $\in$, genannt die „Elementbeziehung". Wann diese Beziehung zwischen zwei Klassen besteht, wird gerade durch die Axiome geregelt.

Die Vorstellung, daß Klassen Zusammenfassungen von Mengen sind und jede Menge eine Klasse ist, gibt zu folgendem Axiom Anlaß:

(A)   *Eine Klasse enthält nur Mengen als Elemente, und jede Menge ist eine Klasse.*

Weiterhin fordern wir, daß Klassen dem **Extensionalitätsaxiom** genügen.

(E)   *Zwei Klassen sind genau dann gleich, wenn sie die gleichen Elemente haben.*

Da Elemente von Klassen nach (A) immer Mengen sind, ist (E) äquivalent zu:

Zwei Klassen sind genau dann gleich, wenn sie die gleichen Mengen als Elemente haben.

Das **Komprehensionsaxiom** für Klassen formulieren wir vorerst so:

(K)   *Zu jeder Eigenschaft $\mathscr{E}$ von Mengen gibt es eine Klasse, die genau diejenigen Mengen als Elemente hat, auf die die Eigenschaft $\mathscr{E}$ zutrifft.*

Eine solche Klasse ist nach (A) und (E) eindeutig bestimmt — und wir bezeichnen die zu $\mathscr{E}$ gehörige Klasse mit $\{x \mid \mathscr{E}(x)\}$ (lies: Klasse derjenigen Mengen x, auf die $\mathscr{E}$ zutrifft). Wann eine Klasse Menge ist, wird in weiteren Axiomen geregelt.

Wir wollen nun nochmals das Russellsche Beispiel betrachten. Aufgrund unserer Axiome existiert die Klasse $\{x \mid x \notin x\}$. Ein Widerspruch hatte sich vorher ergeben, als wir annahmen, daß diese Zusammenfassung von Mengen mit der Eigenschaft $x \notin x$ selbst eine Menge wäre. Statt dieses Widerspruchs haben wir jetzt

(1.1)   **Lemma:** *Es gibt eine echte Klasse (d. h. eine Klasse, die keine Menge ist).*

Beweis: Es gilt für jede Menge:

$$z \in \{x \mid x \notin x\} \Longleftrightarrow z \notin z .$$

Wäre nun $\{x \mid x \notin x\}$ eine Menge, so hätten wir für $z = \{x \mid x \notin x\}$:

$$z \in z \Longleftrightarrow z \notin z .$$

Dieser Widerspruch zeigt, daß $\{x \mid x \notin x\}$ keine Menge ist.   □

Bevor wir weitere Axiome einführen, wollen wir den Bereich der Klassen auf der Basis der schon formulierten Axiome etwas genauer anschauen.

> *Wir bezeichnen im folgenden Mengen mit kleinen lateinischen Buchstaben. Klassen wollen wir mit großen lateinischen Buchstaben bezeichnen. Da jede Menge eine Klasse ist, können große lateinische Buchstaben natürlich auch Mengen bezeichnen.*

Aus (K) folgt die Existenz der *leeren Klasse* $\emptyset := \{x \mid x \neq x\}$, der Klasse ohne Elemente. Weiterhin existiert die *Allklasse* $V := \{x \mid x = x\}$, die Klasse aller Mengen. Mit Hilfe der Allklasse läßt sich die Aussage, daß eine Klasse A eine Menge ist, kurz durch $A \in V$ schreiben:

(1.2)   A *ist eine Menge* $\Longleftrightarrow A \in V$.

Aus dem Grundaxiom (A) und der Existenz von V ergibt sich außerdem die Charakterisierung

(1.3)   A *ist eine Menge* $\Longleftrightarrow$ *es gibt eine Klasse* B *mit* $A \in B$.

Wir sagen, daß die Klasse A in der Klasse B *enthalten* ist — symbolisch $A \subset B$ — genau dann, wenn jedes Element von A auch Element von B ist. Anstelle von „A ist in B enthalten" sagen wir auch „A ist Teilklasse von B" — oder auch „B ist Oberklasse von A".

Für jede Klasse A gilt trivialerweise:

(1.4) $\emptyset \subset A \subset V$.

Das Extensionalitätsaxiom läßt sich auch so formulieren:

(1.5) $A = B \Longleftrightarrow A \subset B$ *und* $B \subset A$.

Wir führen nun die *booleschen Operationen* für Klassen ein. Die Ausführbarkeit dieser Operationen im Bereich der Klassen ist durch unsere Axiome gesichert.

$$A \cap B := \{x \mid x \in A \text{ und } x \in B\} \quad \textit{Durchschnitt von } A \textit{ und } B$$
$$A \cup B := \{x \mid x \in A \text{ oder } x \in B\} \quad \textit{Vereinigung von } A \textit{ und } B$$
$$A \setminus B := \{x \mid x \in A \text{ und } x \notin B\} \quad \textit{Differenz von } A \textit{ und } B$$
$$\overline{B} := \{x \mid x \notin B\} \quad \textit{Komplement von } B$$

Für die Klassenoperationen $\cap$, $\cup$, $\setminus$, $^{-}$ gelten eine Reihe von Aussagen, denen allgemeingültige aussagenlogische Gesetze zugrunde liegen.

(1.6)   (1) $A \cup \emptyset = A$, $A \cap V = A$

(2) $A \cup V = V$, $A \cap \emptyset = \emptyset$

(3) $A \cup B = B \cup A$, $A \cap B = B \cap A$

(4) $A \cup (B \cup C) = (A \cup B) \cup C$, $A \cap (B \cap C) = (A \cap B) \cap C$

(5) $A \cup A = A$, $A \cap A = A$

(6) $A \cap (B \cup C) = (A \cap B) \cup (A \cap C)$

(7) $A \cup (B \cap C) = (A \cup B) \cap (A \cup C)$

(8) $A \subset B \Longleftrightarrow A \cup B = B$
$\Longleftrightarrow A \cap B = A$

(9) $\overline{B} = V \setminus B$

(10) $\overline{V} = \emptyset$, $\overline{\emptyset} = V$

(11) $A \cup \overline{A} = V$, $\overline{A} \cap A = \emptyset$

(12) $\overline{\overline{A}} = A$

(13) $A \subset B \Longleftrightarrow \overline{B} \subset \overline{A}$

(14) $A \subset B \Longleftrightarrow A \cap \overline{B} = \emptyset$

(15) $\overline{A \cup B} = \overline{A} \cap \overline{B}$, $\overline{A \cap B} = \overline{A} \cup \overline{B}$.

Der Nachweis dieser Eigenschaften ist einfach. Wir führen hier nur ein Beispiel ausführlich vor. Wir zeigen:

$$A \subset B \Longleftrightarrow A \cap B = A .$$

Es sind dazu zwei Aussagen zu beweisen, nämlich

1. $A \subset B \Rightarrow A \cap B = A$

2. $A \cap B = A \Rightarrow A \subset B$.

1.   Sei $A \subset B$. Trivialerweise gilt $A \cap B \subset A$. Aufgrund von (1.5) genügt es jetzt, $A \subset A \cap B$ zu zeigen. Sei also $x \in A$. Dann ist wegen $A \subset B$ auch $x \in B$, d.h. $x \in A \cap B$. Da dies für jede Menge x gilt, haben wir damit $A \subset A \cap B$.

2.   Sei also $A \cap B = A$ und $x \in A$. Wir haben $x \in B$ zu zeigen; dann ist $A \subset B$. Wegen $x \in A$ und $A = A \cap B$ ist aber auch $x \in A \cap B$, also insbesondere $x \in B$.   □

Haben zwei Klassen einen leeren Durchschnitt, so wollen wir sie *disjunkt* nennen.

Wir führen nun noch zwei weitere Klassenoperationen ein, nämlich

$$\bigcup A := \{x \mid \text{es gibt ein } y \in A \text{ mit } x \in y\} \quad \textit{Vereinigung } A$$

$$\bigcap A := \{x \mid \text{für alle } y \in A \text{ ist } x \in y\} \quad \textit{Durchschnitt } A .$$

Vereinigung und Durchschnitt einer Klasse A sind nach (K) wiederum Klassen.

Die Elemente von $\bigcup A$ sind gerade alle Elemente von Elementen von A. Es wird also über alle Elemente von A vereinigt. Deshalb schreiben wir auch

$$\bigcup_{y \in A} y := \bigcup A.$$

Analog besteht $\bigcap A$ aus den Mengen, die Elemente von allen Elementen von A sind. Wir schreiben $\bigcap\limits_{y \in A} y := \bigcap A$.

Diese ungewöhnliche Definition der Vereinigung und des Durchschnitts rührt daher, daß wir den Funktionsbegriff – und damit indizierte Klassen – noch nicht zur Verfügung haben.

Es gilt

(1.7) (1) $z \in A \;\Rightarrow\; \bigcap A \subset z \subset \bigcup A$

(2) $\bigcup \emptyset = \emptyset$

(3) $\bigcap \emptyset = V$

(4) $\bigcup (A \cup B) = \bigcup A \cup \bigcup B$

(5) $\bigcap A \cap \bigcap B \subset \bigcap (A \cap B) .$

Beweis:

(1) Es sei $z \in A$. Ist dann $x \in z$, so gibt es ein $y \in A$ mit $x \in y$. Also ist $x \in \bigcup A$. Da dies für beliebiges $x \in z$ gilt, folgt $z \subset \bigcup A$. Ist $x \in \bigcap A$, so kommt x in jedem Element von A vor; also auch in z. Daher gilt $\bigcap A \subset z$.

(2) Da es kein $y \in \emptyset$ gibt, gibt es auch zu keinem x ein $y \in \emptyset$ mit $x \in y$.

(3) Nach (1.4) ist $\bigcap \emptyset \subset V$; also bleibt $V \subset \bigcap \emptyset$ zu zeigen. Es ist für jedes x nachzuweisen: $y \in \emptyset \Rightarrow x \in y$. Dies ist aber trivialerweise richtig, da das Vorderglied der Implikation immer falsch ist.

(4)   Ergibt sich aus

$$x \in \bigcup (A \cup B) \iff \text{es gibt ein } y \in A \cup B \text{ mit } x \in y$$
$$\iff \text{es gibt ein } y \in A \text{ mit } x \in y,$$
$$\text{oder es gibt ein } y \in B \text{ mit } x \in y$$
$$\iff x \in \bigcup A \text{ oder } x \in \bigcup B$$
$$\iff x \in \bigcup A \cup \bigcup B.$$

(5)   Ergibt sich aus

$$x \in \bigcap A \cap \bigcap B \iff x \in \bigcap A \text{ und } x \in \bigcap B$$
$$\iff \text{für jedes } y \in A \text{ ist } x \in y,$$
$$\text{und für jedes } y \in B \text{ ist } x \in y$$
$$\Rightarrow \text{für jedes } y, \text{ das in } A \text{ und in } B \text{ ist, ist } x \in y$$
$$\iff \text{für jedes } y \in A \cap B \text{ ist } x \in y$$
$$\iff x \in \bigcap (A \cap B).$$

□

Wir wollen nun weitere Axiome formulieren. In diesen Axiomen wird von gewissen Klassen gesagt, daß sie sogar Mengen sind. Dabei werden wir uns immer von der Vorstellung ,,Mengen sind kleine Klassen" leiten lassen.

Als erstes werden wir sagen müssen, daß es überhaupt eine Menge gibt. Dies folgt nicht aus unseren bisherigen Axiomen. Wir fordern daher

(M0)   **Nullmengenaxiom:** $\emptyset \in V$,
        d. h. die leere Klasse ist eine Menge.

Wir nennen $\emptyset$ die *leere Menge* oder die *Nullmenge.* Weitere Axiome sind:

(M1)   **Paarmengenaxiom:** $\{a, b\} := \{x \mid x = a \text{ oder } x = b\} \in V$.

Wir nennen $\{a, b\}$ die (ungeordnete) *Paarmenge* der Mengen a, b. Für $\{a, a\}$ schreiben wir $\{a\}$. Das Axiom besagt, daß die Klasse, die genau die Mengen a und b als Elemente hat, eine Menge ist.

(1.8)   *Es gilt* $\bigcup \{a, b\} = a \cup b$ *und* $\bigcap \{a, b\} = a \cap b$.

(M2)   **Vereinigungsmengenaxiom:** $\bigcup a \in V$,
        d. h. die Vereinigung über eine Menge von Mengen ist wiederum eine Menge.

Aus (M1) und (M2) ergibt sich mit Hilfe von (1.8) sofort $a \cup b \in V$. Aus (M1) und der Tatsache, daß die Vereinigung zweier Mengen wieder eine Menge ist, ergibt sich folgende Verallgemeinerung von (M1):

$$\{a_1, \ldots, a_n\} := \{x \mid x = a_1 \text{ oder } x = a_2 \ldots \text{ oder } x = a_n\} \in V.$$

(M3)   **Potenzmengenaxiom:** $P(a) := \{x \mid x \subset a\} \in V$,
    d. h. die Klasse aller Teilmengen einer Menge ist eine Menge.

Wir definieren allgemein für Klassen A:

$P(A) := \{x \mid x \subset A\}$ *Potenzklasse von* A.

Die Potenzklasse einer Menge nennen wir wegen (M3) *Potenzmenge.*

(M4)   **Aussonderungsmengenaxiom:** $a \cap B \in V$,
    d. h. der Durchschnitt einer Menge mit einer Klasse ist eine Menge.

Da Klassen und Eigenschaften von Mengen sich über (K) entsprechen, besagt das
Axiom, daß man aus einer Menge a diejenigen Elemente „aussondern" und zu
einer neuen Menge zusammenfassen darf, die eine vorgegebene Eigenschaft haben.
Dieses Axiom ist zuerst von E. Zermelo 1908 formuliert worden.

(M4) ist äquivalent zu der Aussage

(1.9) $B \subset a \Rightarrow B \in V$,
    d. h. jede Teilklasse einer Menge ist eine Menge.

Dies ergibt sich aus $(B \subset a \Rightarrow a \cap B = B)$ und der Inklusion $a \cap B \subset a$.

Mit (M4) folgt, daß auch der Durchschnitt zweier Mengen wieder eine Menge ist:

$a \cap b \in V$.

Weiterhin folgt aus (M4), daß $V \notin V$. — Wäre $V \in V$, so hätten wir
$\{x \mid x \notin x\} = V \cap \{x \mid x \notin x\} \in V$. Dies widerspräche aber (1.1).

Als weiteres Axiom wollen wir das Fundierungsaxiom annehmen. Dieses Axiom
bringt zum Ausdruck, daß es in jeder nichtleeren Klasse Elemente gibt, die in
Bezug auf die Elementbeziehung „zuerst" da sind. Diese Elemente bilden gewisser-
maßen das Fundament der Klasse.

(M5)   **Fundierungsaxiom:** *Ist* $A \neq \emptyset$, *so gibt es ein* $x \in A$ *mit* $x \cap A = \emptyset$,
    d. h. es gibt ein $x \in A$, *so daß für alle* $y \in A$ *nicht* $y \in x$ *ist.*

Das Fundierungsaxiom sagt also, daß es in jeder nichtleeren Klasse A „∈-mini-
male" Elemente x gibt.

Aus (M5) folgt für alle Mengen $a \notin a$. Denn wäre $a \in a$, so wäre auch $a \in a \cap \{a\}$.
Für $A := \{a\}$ wäre dann (M5) verletzt. — Insbesondere folgt also aus (M5), daß die
Russelsche Klasse $\{x \mid x \notin x\}$ gleich der Klasse aller Mengen ist.

(1.10) $\{x \mid x \notin x\} = V$.

Analog überlegt man sich leicht, daß auch nicht $a \in a_1 \in a$ oder $a \in a_2 \in a_1 \in a$
usw. sein kann. (Man betrachtet $A := \{a_1, a\}$ bzw. $A := \{a_2, a_1, a\}, \dots$.)
Mengen „entstehen" also immer erst „nach" ihren Elementen.

Zwei weitere Axiome — das Ersetzungsaxiom und das Auswahlaxiom — werden
wir erst nach Klärung des Funktionsbegriffes formulieren. Außerdem werden wir
noch die Existenz mindestens einer unendlichen Menge fordern müssen. Dieses
Axiom — das Unendlichkeitsaxiom — wird in Kap. 3 formuliert.

Kapitel 2 Relationen und Funktionen

Wir werden als nächstes den Relations- und Funktionsbegriff, die ja beide nicht zu den mengentheoretischen Grundbegriffen gehören, im Rahmen unserer Mengenlehre definieren. Dies bedeutet, daß diese Begriffe, die man als ebenso elementar und anschaulich klar wie den Mengen- und Klassenbegriff ansehen kann, hier mit Hilfe unseres einzigen Grundbegriffes — der „Elementbeziehung" — erklärt werden sollen. Man sollte unser Vorgehen nicht so verstehen, daß erst durch diese mengentheoretische Definition eine Präzisierung der Begriffe erreicht wäre. Unsere Auffassung ist vielmehr, daß schon hinreichend klare und deutliche Vorstellungen hierzu vorliegen. Die Aufgabe besteht also nur darin, die Begriffe so in der Mengentheorie zu rekonstruieren, daß die typischen Eigenschaften von Relationen und Funktionen in unserer Theorie beweisbar werden. — Wir wollen nun einige informale Vorbetrachtungen anstellen, damit die später gegebenen Definitionen verständlicher werden.

Unter einer Funktion f von einer Menge A in eine Menge B (in Zeichen f: A → B) versteht man eine „Vorschrift", die jedem Element x der Menge A genau ein Element y der Menge B zuordnet. Man nennt A den Definitionsbereich von f. Zu jedem x aus A bestimmt also eine solche Funktion f eindeutig ein Element aus B, das mit f(x) bezeichnet wird. Da bei Funktionen als mathematischen Objekten von der speziellen Gestalt der „Vorschrift" abstrahiert wird, werden wir zwei Funktionen f und g genau dann als identisch ansehen, wenn sie den gleichen Definitionsbereich haben und außerdem für alle x aus dem (gemeinsamen) Definitionsbereich immer f(x) = g(x) ist. Die Angabe des „Zielbereichs" B bei der Schreibweise f: A → B gibt eine zusätzliche Information darüber, wo die Werte f(x) für x aus A zu suchen sind. Diese zusätzliche Information ist für mathematische Betrachtungen oft äußerst nützlich. Sie kann jedoch für die Identität von Funktionen keine Rolle spielen, da jede Funktion von A in B auch als Funktion von A in C aufgefaßt werden kann, sofern nur C eine Obermenge von B ist. Eine Funktion ist daher eindeutig durch die „Menge der Zuordnungen"

$$x \mapsto y, \ x \text{ aus dem Definitionsbereich und } f(x) = y$$

bestimmt. Denn die Zusammenfassung der vor dem Pfeil stehenden x bildet den Definitionsbereich — und für jedes vorkommende x gibt die hinter dem Pfeil stehende Komponente y das dem x zugeordnete Element an. Anstelle von x ↦ y schreibt man auch (x, y) — oder auch (wie wir es später tun werden) ⟨x, y⟩. Man nennt x ↦ y das geordnete Paar von x und y. Da es uns hierbei auf die Reihenfolge der Argumente x und y ankommt, sollten wir eigentlich genauer sagen: Das geordnete Paar mit erster Komponente x und zweiter Komponente y.

Dabei faßt man $x \mapsto y$ als ein neues Objekt auf, das allein durch die Angabe der ersten und zweiten Komponente bestimmt sein soll. Dies bedeutet, daß zwei dieser neuen Objekte $x_1 \mapsto y_1$, $x_2 \mapsto y_2$ genau dann als identisch angesehen werden, wenn $x_1 = x_2$ und $y_1 = y_2$ ist. Eine Funktion f ist dann vollkommen durch die Gesamtheit der geordneten Paare $x \mapsto f(x)$ bestimmt. Ist andererseits eine Menge von geordneten Paaren G gegeben, so daß es zu jeder ersten Komponente x genau eine zweite Komponente y gibt mit $x \mapsto y$ in G, so bestimmt G eine Funktion f durch die Festsetzung

$y = f(x)$ genau dann, wenn $x \mapsto y$ in G liegt.

Diese Vorbetrachtungen machen plausibel, daß es ausreicht, geordnete Paare mengentheoretisch einzuführen, um dann damit Funktionen – und analog Relationen – zu erklären. Unsere zugrunde liegende Theorie hat als Objekte nur Klassen – und spezieller – Mengen. Wir sind daher genötigt, geordnete Paare von Mengen als Klassen besonderer Gestalt einzuführen. Da geordnete Paare als Elemente von Funktionen auftreten sollen, müssen wir die Definition so einrichten, daß geordnete Paare von Mengen selbst wieder Mengen sind. Zusammenfassend können wir also sagen, daß eine in unserem Ansatz vernünftige Definition des geordneten Paares zweier Mengen x und y – wir schreiben dafür $\langle x, y \rangle$ – folgende Eigenschaften haben muß:

(2.1) (1) $\langle x, y \rangle \in V$

(2) $\langle x_1, y_1 \rangle = \langle x_2, y_2 \rangle \Longleftrightarrow (x_1 = x_2 \; und \; y_1 = y_2)$.

Diese Bedingungen sind erfüllt, wenn wir die Definition von Kuratowski zugrunde legen:

$\langle x, y \rangle := \{ \{x\}, \{x, y\} \}$ *geordnetes Paar von* x *und* y.

Durch wiederholte Anwendung des Paarmengenaxioms (M1) ergibt sich, daß $\langle x, y \rangle = \{ \{x\}, \{x, y\} \}$ eine Menge ist. Damit ist die Eigenschaft (1) nachgewiesen. Für (2) genügt es offenbar, die Implikation

$\{ \{x_1\}, \{x_1, y_1\} \} = \{ \{x_2\}, \{x_2, y_2\} \} \Rightarrow (x_1 = x_2 \; und \; y_1 = y_2)$

zu zeigen. Sei also $\{ \{x_1\}, \{x_1, y_1\} \} = z = \{ \{x_2\}, \{x_2, y_2\} \}$. – Ist nun $x_1 = y_1$, so ist $\{x_1\}$ das einzige Element von z. Also muß $\{x_2\} = \{x_2, y_2\}$ sein. Dann ist aber auch $x_2 = y_2$ – und es gilt $\{ \{x_1\} \} = \{ \{x_2\} \}$, woraus sofort $x_1 = x_2$ folgt. Im Falle $x_1 = y_1$ folgt daher $x_1 = y_1 = x_2 = y_2$. – Ist andererseits $x_1 \neq y_1$, so hat z genau zwei verschiedene Elemente, nämlich $\{x_1\}$ und $\{x_1, y_1\}$. Dann sind aber notwendigerweise auch $\{x_2\}$ und $\{x_2, y_2\}$ verschieden. Damit ergibt sich, daß die Einermengen $\{x_1\}$ und $\{x_2\}$ und die Zweiermengen $\{x_1, y_1\}$ und $\{x_2, y_2\}$ jeweils identisch sind. Aus $\{x_1\} = \{x_2\}$ folgt, daß $x_1 = x_2$ ist. Damit erhalten wir aus $\{x_1, y_1\} = \{x_2, y_2\}$, daß schließlich auch $y_1 = y_2$ ist. – Unsere Paardefinition erfüllt damit auch die Eigenschaft (2).

Den Begriff des geordneten Paares verallgemeinern wir noch zu dem Begriff des *(geordneten) n-Tupels.* Wir definieren

$$\langle x \rangle := x$$
$$\langle x_1, \ldots, x_n \rangle := \langle x_1, \langle x_2, \ldots, x_n \rangle \rangle \quad \text{für} \quad n > 1 \ .$$

Für geordnete n-Tupel gelten die (1) und (2) entsprechenden Eigenschaften

(1') $\langle x_1, \ldots, x_n \rangle \in V$

(2') $\langle x_1, \ldots, x_n \rangle = \langle y_1, \ldots, y_n \rangle \Longleftrightarrow (x_1 = y_1 \text{ und } \ldots \text{ und } x_n = y_n) \ .$

Dies folgt jeweils durch wiederholte Anwendung von (1) bzw. (2).

Das *(Kreuz-* oder auch *Kartesische-) Produkt* zweier Klassen A und B (in Zeichen A $\times$ B) ist die Klasse aller geordneten Paare mit erster Komponente in A und zweiter Komponente in B, also

$$A \times B := \{ \langle x, y \rangle \mid x \in A \text{ und } y \in B \}$$
$$:= \{ z \mid \text{es gibt } x \text{ und } y \text{ mit } x \in A, y \in B \text{ und } z = \langle x, y \rangle \} \ .$$

Wir wollen die Schreibweise $\{ \langle x_1, \ldots, x_n \rangle \mid \ldots \}$ auch für n-Tupel verwenden. Wir definieren daher allgemein:

$$\{ \langle x_1, \ldots, x_n \rangle \mid \mathscr{E}(x_1, \ldots, x_n) \} :=$$
$$\{ z \mid \text{es gibt } x_1, \ldots, x_n \text{ mit } \mathscr{E}(x_1, \ldots, x_n) \text{ und } z = \langle x_1, \ldots, x_n \rangle \} \ .$$

Als nächstes wollen wir Relationen und Funktionen einführen. Relationen und Funktionen sind üblicherweise Mengen. Dies wollen wir beibehalten. Da aber entsprechende Begriffe auch für Klassen nützlich sind, führen wir die allgemeineren Begriffe *relationale* und *funktionale* Klasse ein.

Wir nennen eine Klasse R *relational* (in Zeichen Rel R), falls R nur geordnete Paare als Elemente hat:

Rel R : $\Longleftrightarrow$ R $\subset$ V $\times$ V.

Anstelle von $\langle x, y \rangle \in$ R schreiben wir auch Rxy — oder auch xRy (wie es etwa für die „Kleiner"-Relation zwischen Zahlen üblich ist).

Eine *Relation* ist eine Menge, die relational ist. Relationen sind also *Mengen* von geordneten Paaren.

Weiter nennen wir eine Klasse F *funktional* (in Zeichen Fkt F), wenn F relational ist und es zu jedem x höchstens ein y mit $\langle x, y \rangle \in$ F gibt:

Fkt F : $\Longleftrightarrow$ Rel F und für alle x, y, z gilt:
$(\langle x, y \rangle, \langle x, z \rangle \in F \Rightarrow y = z) \ .$

Eine *Funktion* ist eine Menge, die funktional ist.

Ist F eine funktionale Klasse, so schreiben wir auch $y = F(x)$ für $\langle x, y \rangle \in F$. Wir nennen F(x) den *Wert von* x *unter* F. Ist $x = \langle x_1, \ldots, x_n \rangle$ ein n-Tupel, so schreiben wir anstelle von $y = F(x)$ auch $y = F(x_1, \ldots, x_n)$.

Weiterhin definieren wir für eine Klasse R:

$$D(R) := \{x \mid \text{es gibt ein } y \text{ mit } xRy\}$$
Definitionsbereich von R

$$W(R) := \{y \mid \text{es gibt ein } x \text{ mit } xRy\}$$
Wertebereich von R

$$\text{Fld}(R) := D(R) \cup W(R)$$
Feld von R

$$R|_A := \{\langle x, y \rangle \mid xRy \text{ und } x \in A\}$$
Einschränkung von R *auf* A

$$R[A] := \{y \mid \text{es gibt ein } x \in A \text{ mit } xRy\}$$
Bildklasse von A *unter* R

$$Q \circ R := \{\langle x, y \rangle \mid \text{es gibt ein } z \text{ mit } xRz \text{ und } zQy\}$$
Verkettung von Q *mit* R

$$R^{-1} := \{\langle y, x \rangle \mid xRy\}$$
Umkehrung von R

Weitere übliche Bezeichnungen sind

$$F: A \to B \quad :\Longleftrightarrow \quad \text{Fkt } F \text{ und } D(F) = A \text{ und } W(F) \subset B$$
(F *bildet* A *in* B *ab*)

$$F: A \twoheadrightarrow B \quad :\Longleftrightarrow \quad F: A \to B \text{ und } W(F) = B$$
(F *bildet* A *surjektiv in* B *ab*)

$$F: A \rightarrowtail B \quad :\Longleftrightarrow \quad F: A \to B \text{ und } F^{-1}: W(F) \to A$$
(F *bildet* A *injektiv in* B *ab*)

$$F: A \leftrightarrow B \quad :\Longleftrightarrow \quad F: A \to B \text{ und } F^{-1}: B \to A$$
(F *bildet* A *bijektiv in* B *ab*)

Gewöhnlich werden Funktionen in mathematischen Argumenten in der Form $F: A \to B$ notiert, da neben der Funktion und ihrem Definitionsbereich schon ein gewisser „Zielbereich" bekannt ist, in dem der wirkliche Wertebereich als Teilmenge enthalten ist. Wenn nun $F: A \twoheadrightarrow B$ geschrieben wird, so wird damit zum Ausdruck gebracht, daß der vorher ins Auge gefaßte Zielbereich tatsächlich mit dem Wertebereich von F übereinstimmt. Der Begriff einer surjektiven Funktion macht also nur Sinn, wenn ein Zielbereich vorgegeben ist. Im Gegensatz dazu ist der Begriff einer injektiven Funktion auch ohne die Angabe eines Zielbereichs sinnvoll. Denn die Aussage, daß zwei verschiedenen Elementen des Definitionsbereichs auch immer zwei verschiedene Werte durch die Funktion zugeordnet werden, nimmt nur Bezug auf die Funktion. — Wir definieren daher allgemein für Klassen F:

$$\text{Inj } F : \Longleftrightarrow \text{Fkt } F \text{ und } \text{Fkt } F^{-1}$$
(F *ist injektiv*).

Aus unseren Definitionen ergibt sich sofort, daß eine Klasse F genau dann funktional ist, wenn $F: D(F) \to W(F)$ gilt. Hiermit wiederum folgt sofort, daß auch

$$F: A \rightarrowtail B \iff F: A \to B \quad \text{und} \quad \text{Inj } F$$

gilt. Wir bemerken außerdem noch, daß für eine funktionale Klasse F folgende Äquivalenz richtig ist:

$$\text{Inj } F \iff \text{für alle } x, y \in D(F) \text{ gilt: } F(x) = F(y) \Rightarrow x = y \ .$$

Wir zeigen jetzt, daß die vorher eingeführten Operationen — wie zum Beispiel das Kreuzprodukt — von Mengen wieder zu Mengen führen.

(2.2)   **Satz:** *Für Mengen* a, b, q, r, x, z *gilt:*

   (1) $a \times b \in V$

   (2) $r|_x \in V$

   (3) $D(r), W(r), \text{Fld}(r), r[z] \in V$

   (4) $q \circ r \in V, \ r^{-1} \in V$

   (5) $\text{Rel } R$ *und* $D(R), W(R) \in V \ \Rightarrow \ R \in V$.

Beweis:

(1) $x \in a$ und $y \in b \Rightarrow \{x\}, \{x, y\} \subset a \cup b$

$\Rightarrow \{x\}, \{x, y\} \in P(a \cup b)$

$\Rightarrow \langle x, y \rangle = \{\{x\}, \{x, y\}\} \subset P(a \cup b)$

$\Rightarrow \langle x, y \rangle \in PP(a \cup b)$.

   Also ist $a \times b \subset PP(a \cup b) \in V$. Nach (1.9) also $a \times b \in V$.

(2)   folgt mit (1.9) aus $r|_x \subset r$.

(3)   Aus $\langle x, y \rangle \in r$ folgt $\langle x, y \rangle \subset \bigcup r$. Also gilt

$\{x, y\} = \{x\} \cup \{x, y\} = \bigcup \{\{x\}, \{x, y\}\} = \bigcup \langle x, y \rangle \subset \bigcup \bigcup r$,

   d.h. $x, y \in \bigcup \bigcup r$ für $\langle x, y \rangle \in r$. Damit ist $D(r), W(r), \text{Fld}(r)$,

   $r[z] \subset \bigcup \bigcup r \in V$. (1.9) ergibt dann das Gewünschte.

(4)   folgt aus

$q \circ r \subset D(r) \times W(q) \in V$ und $r^{-1} \subset W(r) \times D(r) \in V$.

(5)   folgt aus

$\text{Rel } R \ \Rightarrow \ R \subset D(R) \times W(R)$

   mit (1.9).   □

Wir definieren

$$^A B := \{f \mid f: A \to B\} \qquad \textit{Klasse aller Funktionen von } A \textit{ in } B.$$

Ist A eine echte Klasse, so folgt aus (2.2) (3), daß es überhaupt keine Funktion mit Definitionsbereich A gibt; denn Funktionen — darauf möchten wir an dieser Stelle nochmals aufmerksam machen — sind Mengen. Daher gilt

$$A \notin V \Rightarrow {}^A B = \emptyset \,.$$

Sind hingegen A und B Mengen, so ist auch ${}^A B$ eine Menge:

(2.3) $A, B \in V \Rightarrow {}^A B \in V.$

Dies folgt sofort aus der Tatsache, daß eine Funktion f: $A \to B$ Teilmenge von $A \times B$ ist. Dann ist ${}^A B$ Teilklasse von $P(A \times B)$. Sind $A, B \in V$, so ist nach dem schon Gezeigten $P(A \times B)$ eine Menge. Die Behauptung ist dann unmittelbare Konsequenz von (1.9).

Ist I irgendeine nicht leere Menge, so benutzen wir oft für Elemente f von ${}^I V$ die übliche suggestive Schreibweise

$$f = \langle x_i \rangle_{i \in I} \,, \quad \text{wobei } x_i = f(i) \text{ für } i \in I \text{ ist.}$$

Der Übersichtlichkeit halber schreiben wir oft auch

$$A = \langle A_i \rangle_{i \in I} \in {}^I V,$$

wobei klar ist, daß in diesem Falle sowohl A als auch A_i Mengen bezeichnen. — Ist ein Element $a = \langle a_i \rangle_{i \in I} \in {}^I V$ gegeben, so sind folgende Schreibweisen gebräuchlich:

$$\{ a_i \mid i \in I \} := W(a)$$
$$\bigcup_{i \in I} a_i := \bigcup \{ a_i \mid i \in I \} = \{ x \mid \text{es gibt ein } i \in I \text{ mit } x \in a_i \}$$
$$\bigcap_{i \in I} a_i := \bigcap \{ a_i \mid i \in I \} = \{ x \mid \text{für alle } i \in I \text{ ist } x \in a_i \} \,.$$

Für $a = \langle a_i \rangle_{i \in I} \in {}^I V$ und $\emptyset \neq I \in V$ ist mit (2.2) (3), (M2) und (1.9) klar, daß $\{ a_i \mid i \in I \}$, $\bigcup_{i \in I} a_i$ und $\bigcap_{i \in I} a_i$ Mengen sind.

Das *direkte Produkt* von $\langle a_i \rangle_{i \in I}$ (in Zeichen $\underset{i \in I}{\times} a_i$) ist für $\langle a_i \rangle_{i \in I} \in {}^I V$ und $\emptyset \neq I \in V$ folgendermaßen definiert:

$$\underset{i \in I}{\times} a_i := \{ \langle x_i \rangle_{i \in I} \mid x_i \in a_i \text{ für alle } i \in I \}$$
$$= \{ f \mid f \colon I \to \bigcup_{i \in I} a_i \text{ und } f(i) \in a_i \text{ für alle } i \in I \} \,.$$

Das direkte Produkt $\underset{i \in I}{\times} a_i$ ist eine Menge. Dies folgt wegen $\underset{i \in I}{\times} a_i \subset P(I \times \bigcup_{i \in I} a_i)$ aus (1.9).

Aufgrund unserer bisher formulierten Axiome läßt sich nicht zeigen, daß das direkte Produkt $\underset{i \in I}{\times} a_i$ nicht leerer Mengen a_i immer nicht leer ist. Dies werden wir jedoch in Gestalt des Auswahlaxioms fordern. Das Auswahlaxiom werden wir am Ende dieses Kapitels diskutieren.

Eine weitere wichtige mathematische Konstruktion ist die Bildung von Quotienten nach einer Äquivalenzrelation. Da der Äquivalenzbegriff nicht nur im Mengenbereich nützlich ist, definieren wir ihn gleich allgemeiner für Klassen. Wir nennen eine Klasse R eine *Äquivalenz in* A, falls R eine relationale Klasse mit Feld A ist, die reflexiv, symmetrisch und transitiv ist. Dabei bedeutet:

R *reflexiv* $: \Longleftrightarrow$ für alle x aus dem Feld von R gilt xRx

R *symmetrisch* $: \Longleftrightarrow$ für alle x, y gilt: $xRy \Rightarrow yRx$

R *transitiv* $: \Longleftrightarrow$ für alle x, y, z gilt: $(xRy$ und $yRz) \Rightarrow xRz$.

Ist R eine Äquivalenz in einer Menge a, so folgt $R \in V$ mit (2.2) (5) und wir nennen — wie üblich — R eine *Äquivalenzrelation in* a.

Ist R eine Äquivalenz in A, so definieren wir:

$[w]_R := \{x \mid wRx\}$ *Äquivalenzklasse von* w *bzgl.* R.

Ist $z = [w]_R$, so nennt man w einen *Repräsentanten* der Äquivalenzklasse z. Ist R eine Äquivalenz in A, so zeigt man leicht für $w, w_1, w_2 \in A$:

(1) $w \in [w]_R$

(2) $[w_1]_R = [w_2]_R \Longleftrightarrow w_1 R w_2$

(3) $[w_1]_R \neq [w_2]_R \Longleftrightarrow [w_1]_R \cap [w_2]_R = \emptyset$.

Ist A eine echte Klasse, so können auch die Äquivalenzklassen echte Klassen sein.

Ist jedoch R eine Äquivalenzrelation in einer Menge a, so ist wegen $[w]_R \subset a$ auch jede Äquivalenzklasse eine Menge — und die Klasse aller Äquivalenzklassen $a/R := \{[w]_R \mid w \in a\}$ ist wegen $a/R \subset P(a)$ ebenfalls eine Menge.

Aus (1) und (3) folgt sofort, daß $p := a/R$ eine *Partition von* a ist, d.h.

(i) $t \in p \Rightarrow t \neq \emptyset$

(ii) $t_1, t_2 \in p$ und $t_1 \neq t_2 \Rightarrow t_1 \cap t_2 = \emptyset$

(iii) $\bigcup_{t \in p} t = a$.

Umgekehrt definiert jede Partition p von a eine Äquivalenzrelation R in a durch

$w_1 R w_2 : \Longleftrightarrow$ es gibt ein $t \in p$ mit $\{w_1, w_2\} \subset t$.

Offensichtlich gilt $a/R = p$.

Definiert R eine Äquivalenz in A, so verstehen wir unter einem *Repräsentanten-system* S *von* R eine Teilklasse von A, die genau einen Repräsentanten jeder Äquivalenzklasse als Element hat.

Am Ende dieses Kapitels wollen wir noch das Ersetzungsaxiom und das Auswahlaxiom formulieren. Vom Auswahlaxiom werden wir vorerst keinen Gebrauch machen.

Dem Ersetzungsaxiom liegt die Anschauung zugrunde, daß das Bild von einer Menge a unter einer funktionalen Klasse F „weniger oder höchstens gleichviele" Elemente wie a hat. Bilder von Mengen unter einer funktionalen Klasse sind also wieder Mengen. Nach (1.9) genügte es zu fordern, daß die Bildklasse einer Menge in einer Menge enthalten ist. Das Ersetzungsaxiom ist 1922 von A. Fraenkel formuliert worden.

(M6) **Ersetzungsaxiom:** $\text{Fkt } F \Rightarrow F[a] \in V$,

d. h. ist F *eine funktionale Klasse und ist* a *eine Menge, so ist auch* F [a] *eine Menge.*

Aus dem Ersetzungsaxiom folgt

(2.4) (1) $\text{Fkt } F \Rightarrow F|_x \in V$

(2) $\text{Fkt } F \text{ und } D(F) \in V \Rightarrow F \in V.$

Beweis:

(1) Wegen $W(F|_x) = F[x] \in V$ folgt die Behauptung aus $F|_x \subset x \times F[x] \in V$.

(2) Ergibt sich aus (1) und $F|_{D(F)} = F$ für Fkt F. $\qquad\qquad \square$

Zum Schluß wollen wir noch das Auswahlaxiom einführen. Dieses Axiom ist erstmals von E. Zermelo 1904 formuliert worden.

(M7) **Auswahlaxiom:** *Sei* $\emptyset \neq I \in V$ *und* $a = \langle a_i \rangle_{i \in I} \in {}^I V.$

Sind für alle $i \in I$ *die Mengen* $a_i \neq \emptyset$, *so ist auch das direkte Produkt*

$$\underset{i \in I}{\times}\, a_i \neq \emptyset.$$

Das Auswahlaxiom fordert lediglich die Existenz einer Funktion f, die für jedes $i \in I$ ein $y = f(i) \in a_i$ „auswählt". Die genaue Gestalt einer solchen Funktion bleibt dabei völlig unbestimmt. — In gewissen Fällen ist die Aussage des Auswahlaxioms schon aus den übrigen Axiomen beweisbar. Ist zum Beispiel $I = \{k\}$, $a = \langle a_i \rangle_{i \in \{k\}}$ und $a_k \neq \emptyset$, so existiert ein $y \in a_k$. Damit ist $f = \{\langle k, y \rangle\}$ ein Element von $\underset{i \in \{k\}}{\times}\, a_i$. Analoges gilt für den Fall, daß $I = \{k_1, ..., k_n\}$, $a = \langle a_i \rangle_{i \in \{k_1, ..., k_n\}}$ und $a_{k_1}, ..., a_{k_n} \neq \emptyset$. Sind nämlich $y_1 \in a_{k_1}, ..., y_n \in a_{k_n}$, so ist $f = \{\langle k_1, y_1 \rangle, ..., \langle k_n, y_n \rangle\}$ ein Element von $\underset{i \in \{k_1, ..., k_n\}}{\times}\, a_i$. Die Bildung

der Menge $\{\langle k_1, y_1 \rangle, \ldots, \langle k_n, y_n \rangle\}$ ist nach den Axiomen ohne (M7) zulässig.
Also ist in diesem Falle die Existenz einer Funktion f in $\underset{i \in I}{\mathsf{X}}\ a_i$ bewiesen. Ist jedoch I unendlich, so läßt sich die Existenz einer solchen Funktion im allgemeinen nicht mehr beweisen (P. Cohen 1963).

Zum Schluß wollen wir noch zwei zum Auswahlaxiom äquivalente Aussagen angeben. Das Auswahlaxiom (M7) ist (auf der Basis der vorher formulierten Axiome) äquivalent zu jeder der folgenden Aussagen:

(2.5)   *Zu jeder Menge* x *mit* $\emptyset \notin x$ *gibt es eine Funktion* g: $x \rightarrow \bigcup x$ *mit* $g(y) \in y$ *für alle* $y \in x$;
  d. h., daß es zu jeder Menge x, *deren Elemente nicht leere Mengen* y *sind, eine Funktion* g *gibt, die jedem* $y \in x$ *ein Element aus* y *zuordnet (auswählt).*

(2.6)   *Jede Äquivalenzrelation besitzt ein Repräsentantensystem.*

Beweis: Wir zeigen zuerst (2.5) $\Rightarrow$ (M7): Sei $a = \langle a_i \rangle_{i \in I} \in {}^I V$ mit $a_i \neq \emptyset$ für alle $i \in I$ gegeben. Dann ist $\emptyset \notin x := \{a_i \mid i \in I\}$. Nach (2.5) existiert eine Funktion g mit $g(a_i) \in a_i$. Sei $f := g \circ a = \langle g(a_i) \rangle_{i \in I}$. Dann ist $f(i) = g(a_i) \in a_i$ für alle $i \in I$. Daher ist $f \in \underset{i \in I}{\mathsf{X}}\ a_i$ – und die Behauptung ist gezeigt.

Als nächstes zeigen wir (M7) $\Rightarrow$ (2.6): Sei R eine Äquivalenzrelation in a. Ist $a = \emptyset$, so ist nichts zu zeigen. Also können wir $a \neq \emptyset$ annehmen. Wir bilden dann das direkte Produkt über alle Äquivalenzklassen von R, d.h. das direkte Produkt von $\langle z \rangle_{z \in a/R}$. Da aufgrund von $a \neq \emptyset$ jede Äquivalenzklasse $z \in a/R$ auch nicht leer ist, existiert nach (M7) ein

$$w = \langle w_z \rangle_{z \in a/R} \in \underset{z \in a/R}{\mathsf{X}}\ z .$$

Dann ist $S := \{w_z \mid z \in a/R\}$ ein Repräsentantensystem von R. Damit ist auch diese Implikation gezeigt.

Schließlich zeigen wir (2.6) $\Rightarrow$ (2.5): Sei x eine Menge, die $\emptyset$ nicht als Element enthält. Wir bilden $a := \underset{y \in x}{\bigcup} (\{y\} \times y)$ und $p := \{\{y\} \times y \mid y \in x\}$. Wir behaupten nun, daß p eine Partition von a ist. Dazu ist zu zeigen

  (i) $t \in p \Rightarrow t \neq \emptyset$
  (ii) $t_1, t_2 \in p$ und $t_1 \neq t_2 \Rightarrow t_1 \cap t_2 = \emptyset$
  (iii) $\underset{t \in p}{\bigcup} t = a$.

(iii) ist nach Definition richtig. Ist $t \in p$, so ist $t = \{y\} \times y$ für $y \in x$. Da aber jedes $y \in x$ nach Voraussetzung nicht leer ist, folgt auch, daß $t = \{y\} \times y \neq \emptyset$ ist.

Sehr geehrter Leser,

diese Karte entnahmen Sie einem Vieweg-Buch.

Als Verlag mit einem internationalen Buch- und Zeitschriftenprogramm informiert Sie Vieweg gern regelmäßig über wichtige Veröffentlichungen auf den Sie interessierenden Gebieten. Deshalb bitten wir Sie, uns diese Karte ausgefüllt zurückzusenden.

Wir speichern Ihre Daten und halten das Bundesdatenschutzgesetz ein.

Wenn Sie Anregungen haben, schreiben Sie uns bitte.

Bitte nennen Sie uns hier Ihre Buchhandlung:

**Friedr. Vieweg & Sohn
Verlagsgesellschaft mbH
Postfach 58 29
D–6200 Wiesbaden 1**

Bitte
frei-
machen

Herrn/Frau/Fräulein

_____

_____

_____

Ich bin:

☐ Lehrstuhlinhaber ☐ Lehrer
☐ Dozent ☐ Praktiker
☐ wiss. Mitarbeiter ☐ Student (V3)

Sonst.: . . . .

. . . .

an der:

☐ Uni ☐ FH
☐ PH ☐ FS
☐ TH ☐ Bibl./Inst.

Sonst.: . . . .

. . . .

Bitte informieren Sie mich über Ihre Neuerscheinungen auf dem Gebiet:

☐ Mathematik
☐ Mathematik-Didaktik
☐ Informatik/DV
☐ Mikrocomputer-Literatur
☐ Physik
☐ Chemie
☐ Biowissenschaften

☐ Maschinenbau
☐ Elektrotechnik/Elektronik
☐ Medizin
☐ Bauwesen
☐ Architektur
☐ Philosophie/Wissenschaftstheorie
☐ Sozialwissenschaften

Spezialgebiet: . . . .

Ich möchte zugleich folgende Bücher bestellen:

Anzahl	Autor und Titel	Ladenpreis

Datum   Unterschrift

_____

Also ist (i) richtig. Aus $l \in (\{y_1\} \times y_1) \cap (\{y_2\} \times y_2)$ folgt, daß
$l = \langle y_1, z_1 \rangle = \langle y_2, z_2 \rangle$ für gewisse z_1, z_2 ist. Mit (2.1)(2) folgt insbesondere
$y_1 = y_2$. Also ist dann $\{y_1\} \times y_1 = \{y_2\} \times y_2$. Damit ist auch (ii) nachgewiesen.

p ist also eine Partition von a. Die zugehörige Äquivalenzrelation besitzt nach (2.6)
ein Repräsentantensystem S. Für $y \in x$ gibt es also genau ein $z \in y$ mit $\langle y, z \rangle \in S$.
Daher ist g := S eine Funktion, die die Bedingungen von (2.5) erfüllt.   □

In Kap. 9 werden wir zwei weitere Aussagen — das Wohlordnungsprinzip und das
Zornsche Lemma — als zum Auswahlaxiom äquivalent nachweisen. Der Äquivalenz-
nachweis hat natürlich wieder auf der Basis der restlichen Axiome zu geschehen.
Wir werden deshalb sorgfältig auf die Anwendung des Auswahlaxioms zu achten
haben. In der Tat wird es bis Kap. 9 überhaupt nicht benützt. Erst ab Kap. 10 wird
das Auswahlaxiom in unseren Aufbau der Mengenlehre einbezogen.

Kapitel 3 Natürliche Zahlen

Im zweiten Kapitel haben wir wichtige mathematische Begriffe, wie den Funktions- und Relationsbegriff, allein mit Hilfe unseres einzigen Grundbegriffes — der Elementbeziehung — erklärt. Als nächstes wollen wir zeigen, wie man die natürlichen Zahlen so als Mengen einführen kann, daß ihre charakteristischen Eigenschaften im Rahmen der Mengenlehre beweisbar werden. Dabei werden wir einen Ansatz benützen, der auf J. von Neumann (1923) zurückgeht. In den nächsten beiden Kapiteln werden wir dann, ausgehend von den natürlichen Zahlen, einen Aufbau des üblichen Zahlsystems mengentheoretisch durchführen.

Natürliche Zahlen repräsentieren Anzahlen. Also liegt es nahe, eine natürliche Zahl n als eine Menge mit genau n Elementen zu definieren. Für 0 heißt das $0 := \emptyset$. Angenommen wir haben schon $0, \ldots, n$ als Mengen definiert, dann hat die Menge $\{0, \ldots, n\}$ genau $n + 1$ Elemente. Wir können also $n + 1 := \{0, \ldots, n\}$ setzen. Es gilt dann $n + 1 = \{0, \ldots, n - 1, n\} = \{0, \ldots, n - 1\} \cup \{n\} = n \cup \{n\}$. Wenn wir ganz allgemein für Mengen die *Nachfolgeroperation* ′ durch

$$x' := x \cup \{x\}$$

definieren, so sind natürliche Zahlen durch

$$0 := \emptyset \,,$$
$$1 := 0' = \{\emptyset\} \,,$$
$$2 := 1' = \{\emptyset, \{\emptyset\}\} \,,$$
$$3 := 2' = \{\emptyset, \{\emptyset\}, \{\emptyset, \{\emptyset\}\}\}$$

usw. gegeben. Wenn wir jetzt von der Menge aller natürlichen Zahlen sprechen möchten, so müßten wir explizit definieren, welche Mengen natürliche Zahlen sind. Unsere Betrachtungen scheinen die folgende ‚Definition‘ nahezulegen: Wir nennen x genau dann eine natürliche Zahl, falls $x = \emptyset$ ist oder durch „endlich-malige" Anwendung der Operation ′ aus $\emptyset$ entsteht. Da aber der Begriff der Endlichkeit selbst im Rahmen der Mengenlehre zu klären ist, ist dies noch keine brauchbare Definition. Wir umgehen diese Schwierigkeit, wenn wir folgende Definition zugrunde legen:

> x ist eine *natürliche Zahl* genau dann, wenn x Element jeder Menge ist, die $\emptyset$ enthält und unter Nachfolgerbildung abgeschlossen ist.

Wir nennen Mengen oder Klassen mit dieser Eigenschaft *induktiv,* d.h.

$$\text{Ind } A : \Longleftrightarrow \begin{cases} \emptyset \in A \text{ und für alle } y \text{ gilt:} \\ y \in A \Rightarrow y' = y \cup \{y\} \in A \,. \end{cases}$$

Also ist

$$x \text{ natürliche Zahl} \Longleftrightarrow \left\{ \begin{array}{l} x \text{ ist Element jeder} \\ \text{induktiven Menge.} \end{array} \right.$$

Eine induktive Menge ist intuitiv gesehen immer unendlich. Bisher wissen wir noch nicht, ob es in unserem Mengenbereich überhaupt eine unendliche Menge gibt. In der Tat läßt sich die Existenz einer induktiven Menge nicht aus den bisherigen Axiomen beweisen (vgl. Epilog). Wir fordern daher die Existenz einer induktiven Menge als Axiom:

(M8) **Unendlichkeitsaxiom:** *Es gibt eine induktive Menge.*

Wir definieren

$$\omega := \bigcap \{x \mid \text{Ind } x\} \quad \textit{Menge der natürlichen Zahlen.}$$

Wie wir gleich sehen werden, ist die Bezeichnung „Menge" gerechtfertigt.

(3.1) **Satz:** ω *ist eine induktive Menge.*

Beweis: Es sei x_0 eine induktive Menge, die es nach (M8) gibt. Dann gilt:

$$\omega = \bigcap \{x \mid \text{Ind } x\} \subset x_0 \ .$$

Also ist $\omega \in V$. Ind ω ist trivial. □

> *Im folgenden bezeichnen* m, n, u *(evtl. indiziert) immer natürliche Zahlen, das heißt Elemente von* ω.

Wir zeigen nun, daß ω mit der Nachfolgerfunktion $'|_\omega = \{\langle n, n \cup \{n\}\rangle \mid n \in \omega\}$ und dem ausgezeichneten Element $0 := \emptyset$ die *Peano-Axiome* erfüllt.

(3.2) **Satz:** *Es gilt*

(1) 0 *ist nicht im Wertebereich der Nachfolgerfunktion –*
d.h. $0 \neq m'$ *für alle* m,

(2) *die Nachfolgerfunktion ist injektiv –*
d.h. $m' = n' \Rightarrow m = n$ *für alle* m, n,

(3) *das „Induktionsaxiom". – Das bedeutet, daß jede Teilmenge* a *von* ω, *die* 0 *als Element hat und die unter der Nachfolgerfunktion abgeschlossen ist (d.h.* $n \in a \Rightarrow n' \in a$ *für alle* n*), schon gleich* ω *sein muß.*

Beweis:

(1) Wegen $u \in u' = u \cup \{u\}$ ist $u' \neq \emptyset = 0$.

(3) Aus der Voraussetzung folgt, daß a induktiv ist. Nach Definition von ω ist dann $\omega \subset a$ und somit $\omega = a$.

(2) Wir beweisen zunächst das Lemma:

(3.3)   **Lemma:** *Für jede natürliche Zahl* u *gilt:* $y \in u \Rightarrow y \subset u$.

Eine Klasse A mit $y \in A \Rightarrow y \subset A$ nennen wir *transitiv*. Das Lemma besagt, daß jede natürliche Zahl eine transitive Menge ist.

Beweis: Wir setzen für eine beliebige Menge y

$$a_y := \{u \mid y \in u \Rightarrow y \subset u\} \subset \omega$$

und zeigen, daß a_y induktiv ist. Dann gilt $a_y = \omega$ für alle y, wie im Lemma behauptet.

(a) $0 \in a_y$ gilt wegen $y \notin \emptyset$ trivialerweise.

(b)   Sei $m \in a_y$, d.h. $y \in m \Rightarrow y \subset m$.
            Zu zeigen ist: $y \in m' \Rightarrow y \subset m'$.
            Sei also $y \in m' = m \cup \{m\}$. Dann gilt $y \in m$ oder $y = m$.
            In beiden Fällen folgt $y \subset m$. Also folgt insbesondere $y \subset m \cup \{m\} = m'$.
                                                                                                                                    □

Wir wollen jetzt (3.2) (2) zeigen: $m' = m \cup \{m\} = n \cup \{n\} = n'$ impliziert $m \in n \cup \{n\}$ und $n \in m \cup \{m\}$. Also haben wir

$(m \in n$ oder $m = n)$ und $(n \in m$ oder $n = m)$.

Mit dem Lemma (3.3) folgt dann $m \subset n$ und $n \subset m$ und somit $m = n$. Damit ist Satz (3.2) bewiesen.   □

Im folgenden werden wir oft Beweise durch *Induktion* führen. Um für eine Menge $a \subset \omega$ sogar $a = \omega$ zu zeigen, haben wir aufgrund des Induktionsaxioms nur

(a) $0 \in a$

(b) $u \in a \Rightarrow u' \in a$

nachzuweisen.

Das Induktionsprinzip läßt sich auch folgendermaßen formulieren: Eine Eigenschaft $\mathscr{E}$ trifft auf alle natürlichen Zahlen zu, wenn

(a) $\mathscr{E}(0)$

(b)   für jede natürliche Zahl u gilt: $\mathscr{E}(u) \Rightarrow \mathscr{E}(u')$.

Dies folgt sofort aus der ersten Formulierung, wenn wir $a := \{x \mid \mathscr{E}(x) \text{ und } x \in \omega\}$ setzen.

Wir wollen nun weitere Aussagen über natürliche Zahlen beweisen:

(3.4)   **Lemma:**   (1) $n = 0$ *oder* $0 \in n$

                                            (2) ω *ist transitiv*

                                            (3)   *ist* $x \subset n$ *und* x *transitiv, so ist* $x = n$ *oder* $x \in n$

                                            (4) $m \in n$ *oder* $m = n$ *oder* $n \in m$

                                            (5) $n \notin n$.

Beweis: Alle Beweise werden durch passende Induktionen geführt.

(1)   folgt durch eine sehr einfache Induktion.

(2)   Zu zeigen ist: $y \in \omega \Rightarrow y \subset \omega$.

    (a) $0 = \emptyset \subset \omega$

    (b) $u \subset \omega \Rightarrow u' = u \cup \{u\} \subset \omega$.

(3)   Sei x eine transitive Menge. Wir zeigen durch Induktion: $x \subset u \Rightarrow x = u$ oder $x \in u$.

    (a) $x \subset 0 \Rightarrow x = 0$

    (b)   Voraussetzung: $x \subset u \Rightarrow x = u$ oder $x \in u$
        zu zeigen: $x \subset u' \Rightarrow x = u'$ oder $x \in u'$.

Sei also $x \subset u' = u \cup \{u\}$. Dann gilt $x \subset u$ oder $u \in x$. Im ersten Falle folgt nach Induktionsvoraussetzung $x = u$ oder $x \in u$. Also ist $x \in u'$. Im zweiten Falle ergibt die Transitivität von x, daß $u \subset x$. Also gilt $u' = u \cup \{u\} \subset x$. Mit $x \subset u'$ folgt schließlich $x = u'$.

(4)   Wir zeigen durch Induktion über u für festes n:
    $u \in n$ oder $u = n$ oder $n \in u$.

    (a) $0 \in n$ oder $0 = n$ (nach (1))

    (b)   Voraussetzung: $u \in n$ oder $u = n$ oder $n \in u$
        zu zeigen: $u' \in n$ oder $u' = n$ oder $n \in u'$.

Aus $n \in u$ oder $u = n$ folgt $n \in u \cup \{u\} = u'$. Aus $u \in n$ folgt (wegen der Transitivität von n) $u \subset n$. Also ist $u' = u \cup \{u\} \subset n$. Mit (3) folgt dann $u' = n$ oder $u' \in n$.

(5)   ergibt sich aus dem Fundierungsaxiom.   □

Es sei bemerkt, daß man (5) auch ohne Benutzung des Fundierungsaxioms direkt durch Induktion beweisen kann. Dabei benutzt man im Induktionsschritt die folgende Äquivalenz, deren Beweis wir dem Leser überlassen:

(3.5) A *transitiv* $\Longleftrightarrow \bigcup A \subset A$.

Aus Lemma (3.4) ersieht man sofort, daß die $\in$-Beziehung die natürlichen Zahlen linear ordnet. Wir definieren für $m, n \in \omega$

$$m < n :\Longleftrightarrow m \in n$$
$$m \leqslant n :\Longleftrightarrow m < n \text{ oder } m = n.$$

(3.6)   **Satz:** $<$ *erfüllt auf ω die Axiome einer linearen (irreflexiven) Ordnung, d. h.*

    (i) $m \not< m$ *(Irreflexivität)*

    (ii) $m_1 < m_2$ *und* $m_2 < m_3 \Rightarrow m_1 < m_3$ *(Transitivität)*

    (iii) $m < n$ *oder* $m = n$ *oder* $n < m$ *(Konnexität)*.

Beweis:

(i)   gilt nach (3.4) (5)

(ii)   folgt aus (3.3)

(iii) gilt nach (3.4) (4).   □

Aus (3.3) und (3.4) (3) ergibt sich nun sofort:

(3.7)   **Lemma:** *Es gilt*

(1) $m \leqslant n \Longleftrightarrow m \subset n$

(2) $m < n \Longleftrightarrow m' \leqslant n$.

Neben dem vorher formulierten Induktionsprinzip verwendet man manchmal bei zahlentheoretischen Beweisen folgendes Prinzip:

> Eine Eigenschaft $\mathscr{E}$ trifft auf alle natürlichen Zahlen zu, wenn für alle n gilt:
>
> $\mathscr{E}(m)$ für alle $m < n \;\; \Rightarrow \;\; \mathscr{E}(n)$.

Durch Übergang zu $a := \omega \cap \{x \mid \mathscr{E}(x)\}$ und wegen $m < n \Longleftrightarrow m \in n$ läßt sich dieses Prinzip auch folgendermaßen schreiben:

(3.8)   **Satz:** *Ist* $a \subset \omega$ *derart, daß* $n \subset a \Rightarrow n \in a$ *für jedes* $n \in \omega$ *gilt, so ist* $a = \omega$.

Beweis: a erfülle die Voraussetzungen des Satzes. Wir setzen dann $b := \{n \mid n \subset a$ und $n \in a\}$. Trivialerweise gilt $b \subset a$. Es genügt zu zeigen, daß b induktiv ist.

(a)   Es ist $0 \in b$, da $0 = \emptyset \subset a$ und nach Voraussetzung dann $0 \in a$ gilt.

(b)   Sei $u \in b$, d.h. $u \subset a$ und $u \in a$. Dann ist $u' = u \cup \{u\} \subset a$ und somit nach der Voraussetzung über a auch $u' \in a$. Daher ist auch $u' \in b$.   □

Aus (3.8) folgt das *Prinzip vom kleinsten Element*.

(3.9)   **Satz:** *Jede nicht leere Menge* b *von natürlichen Zahlen besitzt ein kleinstes Element* u, *d.h.* $u \in b$ *und für alle* $n \in b$ *ist* $u \leqslant n$.

Beweis: Sei b eine nicht leere Menge von natürlichen Zahlen. Damit ist $c := \omega \setminus b \neq \omega$. Nach (3.8) gibt es dann eine natürliche Zahl u mit $u \subset c$ und $u \notin c$, d.h. $u \subset \omega \setminus b$ und $u \in b$. Also ist $u \in b$ und $u \cap b = \emptyset$. Daher gilt für jedes $n \in b$ offenbar $n \notin u$. Die Konnexität ergibt dann $u \leqslant n$ für alle $n \in b$.   □

Als nächstes wollen wir die Addition und Multiplikation von natürlichen Zahlen erklären. Bekanntlich gilt für die Addition

$$m + 0 = m$$
$$m + n' = (m+n)' .$$

Für eine Funktion f_m auf ω, die die Eigenschaften der Addition für festes erstes Argument m haben soll, muß also gelten

$$f_m(0) = m$$
$$f_m(n') = f_m(n)' \; .$$

Diese Gleichungen definieren die Funktion f_m nicht explizit. Wir werden jedoch zeigen, daß es genau eine Funktion gibt, die diesen Bedingungen genügt. Dies folgt aus dem allgemeinen *Rekursionssatz für* ω.

(3.10) Satz: *Ist* G: V → V *eine funktionale Klasse und* a *eine Menge, so gibt es genau eine Funktion* f: ω → V *mit*

$$f(0) = a$$
$$f(n') = G(f(n)) \; \textit{für alle} \; n \in \omega \; .$$

Wir sagen: Eine Funktion f *ist rekursiv definiert*, wenn ihre Existenz durch den Rekursionssatz gesichert ist.

Beweis: Wir betrachten die Klasse

$$A := \{\langle m, h\rangle \mid h\colon m' \to V \; \text{mit} \; h(0) = a \; \text{und} \; u' \in m' \Rightarrow h(u') = G(h(u))$$
für alle u$\}$.

Die zweiten Komponenten der Elemente von A sind Funktionen, deren Definitionsbereich eine „Nachfolgerzahl" ist, und die in ihrem Definitionsbereich den rekursiven Bedingungen des Satzes genügen.

Wir zeigen zuerst, daß die Menge

$$b := \{m \mid \text{es gibt genau ein} \; h \; \text{mit} \; \langle m, h\rangle \in A\}$$

induktiv ist:

(a)   Es gilt $\langle 0, h\rangle \in A \Longleftrightarrow h = \{\langle 0, a\rangle\}$, da 0 das einzige Element von $0'$ ist. — Es folgt $0 \in b$.

(b)   Sei $n \in b$. Weiter sei h: $n' \to V$ die zu n gehörige Funktion mit $\langle n, h\rangle \in A$. Wir definieren $h_1 := h \cup \{\langle n', G(h(n))\rangle\}$. Dann ist h_1 eine Funktion mit Definitionsbereich n'', da für $z \in n'' = n' \cup \{n'\}$ entweder $z \in n'$ oder $z = n'$ ist. Die Funktion h_1 erfüllt aber nach Definition und Induktionsvoraussetzung die rekursiven Bedingungen in n''. Also gilt $\langle n', h_1\rangle \in A$. Ist nun h_2 eine weitere Funktion mit $\langle n', h_2\rangle \in A$, so erhalten wir $\langle n, h_2 \mid_{n'}\rangle \in A$ und nach Induktionsvoraussetzung somit $h_2 \mid_{n'} = h = h_1 \mid_{n'}$. Da h_2 den rekursiven Bedingungen genügt, folgt für n'

$$h_2(n') = G(h_2(n)) = G(h(n)) = h_1(n') \; .$$

Also ist $h_1 = h_2$.

Aus (a) und (b) ergibt sich $b = \omega$. Daher ist A eine funktionale Klasse mit Definitionsbereich ω. Nach (2.4) (2) ist $A \in V$.

Weiterhin gilt — wie man sofort sieht —

$$m_1 \leqslant m_2 \text{ und } \langle m_1, h_1 \rangle, \langle m_2, h_2 \rangle \in A \;\Rightarrow\; h_2|_{m_1'} = h_1 \; .$$

Daher ist $f := \bigcup\limits_{\langle m, h \rangle \in A} h$ eine Funktion von ω in V, die den Rekursionsbedingungen genügt.

Gäbe es eine weitere Funktion f_* mit diesen Eigenschaften, die von f verschieden wäre, so hätten wir $f_*(k) \neq f(k)$ für ein $k \in \omega$. Daher wäre $f_*|_{k'} \neq f|_{k'}$ und $\langle k, f_*|_{k'} \rangle$, $\langle k, f|_{k'} \rangle \in A$. Das widerspräche aber dem schon Gezeigten.   □

Mit Hilfe des Rekursionssatzes lassen sich nun die Addition und Multiplikation von natürlichen Zahlen einführen. Dies wird am Anfang des nächsten Kapitels durchgeführt. — Hier wollen wir nur noch eine Folgerung aus dem Rekursionssatz ziehen.

In (3.2) haben wir nachgewiesen, daß ω mit der Nachfolgerfunktion $'$ und der Null die Peanoaxiome erfüllt. Ist nun irgendeine Menge w mit einem ausgezeichneten Element e und einer Funktion $* : w \to w$ gegeben, die die Peanoaxiome erfüllt, d.h. es gelten:

(1*) $e \neq x^*$ (wir schreiben $x^* := *(x)$ für $x \in w$)

(2*) $x^* = y^* \Rightarrow x = y$

(3*)   ist $e \in v$ und gilt $x \in v \Rightarrow x^* \in v$ für alle $x \in w$, so ist $w \subset v$,

so werden wir zeigen, daß es eine Bijektion $f : \omega \to w$ mit $f(0) = e$ und $f(n') = f(n)^*$ für alle $n \in \omega$ gibt.

Damit gilt dann der folgende *Kategorizitätssatz* für die Peanoaxiome:

(3.11)   Satz: *Die natürlichen Zahlen mit Nachfolger und Null sind bis auf Isomorphie durch die Peanoaxiome bestimmt.*

Beweis: Aus dem Rekursionssatz für ω folgt die Existenz genau einer Funktion f mit $f(0) = e$ und $f(n') = f(n)^*$ für alle $n \in \omega$. Dazu setze man $a = e$ und $G = \{ \langle x, x^* \rangle \,|\, x \in w \} \cup \{ \langle x, x \rangle \,|\, x \notin w \}$. Durch Induktion ergibt sich, daß f eine Funktion von ω in w ist. Da $e = f(0) \in f[\omega]$ und mit $x = f(n) \in f[\omega]$ auch $x^* = f(n') \in f[\omega]$ ist, folgt aus (3*) die Surjektivität von f. Um die Injektivität von f zu zeigen, benutzen wir die leicht zu zeigende Tatsache

(3.12)   Jede natürliche Zahl $m \neq 0$ besitzt einen *Vorgänger*, d.h. es gibt ein $x \in \omega$ mit $m = x'$.

(Aufgrund des zweiten Peanoaxioms ist ein solcher Vorgänger eindeutig bestimmt.)

Wir zeigen durch Induktion über n:

$$m \neq n \Rightarrow f(m) \neq f(n) \; .$$

(a)   Es sei $n = 0$. Ist $m \neq 0$, so besitzt m nach (3.12) einen Vorgänger x.
        Es folgt $f(m) = f(x') = f(x)^*$. Wegen (1*) ist $f(x)^* \neq e = f(0)$. Also
        gilt $f(m) \neq f(0)$.

(b)   Die Behauptung sei für n richtig. Es sei $m \neq n'$. Ist nun $m = 0$, so er-
        gibt sich wie in (a), daß $f(m) \neq f(n')$ ist. Also können wir nach (3.12)
        annehmen, daß m einen Vorgänger x hat. Wegen $m \neq n'$ ist $x \neq n$.
        Nach Induktionsvoraussetzung ist dann $f(x) \neq f(n)$, was nach (2*) zu
        $f(x)^* \neq f(n)^*$ führt. Also ist $f(m) \neq f(n')$.   □

Kapitel 4 Ganze und rationale Zahlen

Im vorigen Kapitel haben wir gezeigt, daß die natürlichen Zahlen mit der Nachfolgerfunktion die Peano-Axiome (siehe (3.2)) erfüllen. Daran anschließend haben wir dann den Rekursionssatz für die natürlichen Zahlen bewiesen. Mit seiner Hilfe werden wir jetzt die üblichen arithmetischen Operationen wie Addition und Multiplikation einführen. Für diese Funktionen werden wir dann die bekannten Gesetzmäßigkeiten nachweisen. Ausgehend von den natürlichen Zahlen mit Addition und Multiplikation werden wir als nächstes die ganzen und rationalen Zahlen einführen. Wir werden nicht alle Beweise durchführen, sondern sie oft nur skizzenhaft andeuten. Dabei werden wir weniger auf die einfachen algebraischen Details achten, sondern uns vielmehr auf die Durchführbarkeit im mengentheoretischen Rahmen konzentrieren. Eine Reihe von gebräuchlichen mathematischen Begriffen, wie zum Beispiel Homomorphismus, Halbgruppe, Integritätsbereich und Körper setzen wir als bekannt voraus.

Als erstes wollen wir die Addition von natürlichen Zahlen mit Hilfe des Rekursionssatzes einführen.

Für jedes $m \in \omega$ existiert nach dem Rekursionssatz (mit $a = m$ und $G = \{\langle x, x' \rangle \mid x \in V\}$) genau eine Funktion f_m mit $f_m(0) = m$ und $f_m(n') = f_m(n)'$ für alle $n \in \omega$. Jedes solche f_m ist eine Funktion von ω nach ω, da ja ω unter Nachfolgerbildung abgeschlossen ist. Die *Addition* $+$ wird dann definiert durch

$$+ := \{\langle \langle m, n \rangle, f_m(n) \rangle \mid m, n \in \omega\} .$$

Wir müssen uns als erstes von der Existenz der Klasse $+$ überzeugen, denn die obige Definition ist noch nicht von der Gestalt der durch (K) zugelassenen Komprehensionen. Wir können aber $+$ folgendermaßen einführen:

$$+ = \{\langle \langle m, n \rangle, k \rangle \mid \text{ es gibt ein } f : \omega \to \omega \text{ mit } f(0) = m \text{ und}$$
$$f(u') = f(u)' \text{ für alle } u \in \omega \text{ und } f(n) = k\} .$$

Dann ist nach dem Komprehensionsaxiom (K) klar, daß $+$ existiert. Als Teilklasse von $(\omega \times \omega) \times \omega$ ist $+$ sogar eine Menge. Die Funktionalität von $+$ ist aufgrund der Eindeutigkeitsaussage des Rekursionssatzes klar. Also ist die Addition eine Funktion von $\omega \times \omega$ nach ω.

Wir schreiben wie gewohnt $m + n := +(m, n)$. Es gilt dann $m + n = f_m(n)$.
Für $1 := 0'$ ist

$$m + 1 = m + 0' = f_m(0') = f_m(0)' = m' .$$

Im folgenden werden wir deshalb oft $m + 1$ für m' schreiben. Damit sind die Rekursionsbedingungen für die Addition von links mit einem festen Argument m:

$$m + 0 = m$$
$$m + (n + 1) = (m + n) + 1 \ .$$

Nachdem wir die Existenz einer solchen Funktion erst einmal gezeigt haben, kann man allein aus den Rekursionsgleichungen und dem Induktionsaxiom folgende Gesetzmäßigkeiten beweisen:

(1) $m + (n + u) = (m + n) + u$ *(Assoziativität)*

(2) $m + n = n + m$ *(Kommutativität)*

(3) $m + 0 = m = 0 + m$ *(Neutralität von 0)*

(4) $m + u = n + u \Rightarrow m = n$ *(Kürzungsregel)*

(1)–(4) besagen, daß ω mit Addition eine kommutative Halbgruppe (mit 0 als neutralem Element) ist, in der die Kürzungsregel gilt.

(5) $m < n \ \Rightarrow \ m + u < n + u$ *(Monotonie)*

(6) $m \leqslant n \Longleftrightarrow$ es gibt ein u mit $m + u = n$.

Der Nachweis von (1)–(6) ist einfach. Wir zeigen nur die Kürzungsregel und die Monotonie.

Kürzungsregel: (Induktion über u)

(a) $m + 0 = n + 0 \ \Rightarrow \ m = n$ (mit Rekursionsbedingung)

(b) $m + u' = n + u' \ \Rightarrow \ (m + u)' = (n + u)'$ (mit Rekursionsbedingung)

$\Rightarrow \ m + u = n + u$ (mit (3.2) (2))

$\Rightarrow \ m = n$ (mit Induktionsvoraussetzung)

Monotonie: (Induktion über u)

(a) $m < n \ \Rightarrow \ m + 0 < n + 0$ (mit Rekursionsbedingung)

(b) $m < n \ \Rightarrow \ m + u < n + u$ (mit Induktionsvoraussetzung)

Da $m + u' = (m + u)'$, folgt mit (3.7) (2) entweder $m + u' = n + u$ oder $m + u' < n + u$. In jedem Falle folgt also

$$m + u' < (n + u)' = n + u' \ .$$

Die *Multiplikation* von natürlichen Zahlen führen wir mit Hilfe der Addition über den Rekursionssatz ein.

Anwendung des Rekursionssatzes auf $a = 0$ und

$$G_m := \{\langle x, x + m \rangle \mid x \in \omega\} \cup \{\langle x, 0 \rangle \mid x \notin \omega\}$$

ergibt genau eine Funktion $h_m : \omega \to \omega$ mit $h_m(0) = 0$ und $h_m(n') = h_m(n) + m$. Wie im Falle der Addition definieren wir nun $m \cdot n := h_m(n)$.

Die Multiplikation ist dann eine Funktion von $\omega \times \omega$ nach ω mit den Rekursionsbedingungen

$$m \cdot 0 = 0$$
$$m \cdot (n + 1) = G_m (m \cdot n) = m \cdot n + m \; .$$

Es gelten folgende Gesetzmäßigkeiten, die wieder leicht nachzuweisen sind:

(7) $\quad m \cdot (n \cdot u) = (m \cdot n) \cdot u \qquad\qquad$ *(Assoziativität)*

(8) $\quad m \cdot n = n \cdot m \qquad\qquad\qquad\quad$ *(Kommutativität)*

(9) $\quad m \cdot 1 = m \; . \qquad\qquad\qquad\qquad$ *(Neutralität von 1)*

(10) $\quad m \cdot u = n \cdot u$ und $u \neq 0 \;\Rightarrow\; m = n \quad$ *(Kürzungsregel)*

(11) $\quad m < n$ und $u \neq 0 \;\Rightarrow\; m \cdot u < n \cdot u \quad$ *(Monotonie)*

(12) $\quad m \cdot (u_1 + u_2) = m \cdot u_1 + m \cdot u_2 \qquad$ *(Distributivität)*

(13) $\quad m \neq 0 \Rightarrow \begin{cases} \text{es gibt } u_1 , u_2 \text{ mit} \\ n = mu_1 + u_2 \text{ und } u_2 < m \end{cases}$ *(Division mit Rest).*

Wir wollen nun den Bereich der natürlichen Zahlen zum Bereich der ganzen Zahlen erweitern. Dazu zeigen wir allgemeiner, daß sich jede kommutative Halbgruppe H mit Kürzungsregel zu einer abelschen Gruppe G derart erweitern läßt, daß jedes Element von G als Differenz (bzw. Quotient, bei multiplikativer Schreibweise) zweier Elemente von H darstellbar ist. Diese bis auf Isomorphie bestimmte Gruppe bezeichnet man als *Quotientengruppe* von H.

Die Menge H mit der Operation $+ : H \times H \to H$ und dem ausgezeichneten Element $0 \in H$ erfülle die vorher genannten Axiome (1)–(4) für kommutative Halbgruppen mit Kürzungsregel. Diesen Sachverhalt drücken wir im folgenden kürzer aus, indem wir sagen, $\langle H, +, 0 \rangle$ sei eine kommutative Halbgruppe mit Kürzungsregel. Das Symbol $+$ steht hier allgemein für eine Operation, die mit der Addition von natürlichen Zahlen nichts zu tun zu haben braucht. Ebenso benutzen wir das Symbol 0 für ein ausgezeichnetes Element von H, das von der natürlichen Zahl 0 verschieden sein kann. Die Lesart für diese Zeichen wird jeweils aus dem Zusammenhang klar.

Sei nun $H \in V$ und $\langle H, +, 0 \rangle$ eine kommutative Halbgruppe mit Kürzungsregel. Wir betrachten die Menge aller geordneten Paare mit Komponenten in H. Dabei liegt einfach die Vorstellung zugrunde, daß ein geordnetes Paar $\langle a, b \rangle \in H \times H$ die Differenz $a - b$ repräsentiert. Zwei Paare $\langle a_1, b_1 \rangle$ und $\langle a_2, b_2 \rangle$ repräsentieren dann die gleiche Differenz, wenn $a_1 - b_1 = a_2 - b_2$ oder äquivalent dazu $a_1 + b_2 = a_2 + b_1$ ist.

Gemäß dieser Vorstellung definieren wir eine Äquivalenzrelation in $H \times H$ durch

$$\langle a_1, b_1 \rangle \sim \langle a_2, b_2 \rangle : \Longleftrightarrow a_1 + b_2 = a_2 + b_1 \; .$$

Die Reflexität und Symmetrie von $\sim$ sind sofort klar. Die Transitivität ergibt sich wie folgt: Sind $\langle a_1, b_1 \rangle \sim \langle a_2, b_2 \rangle$ und $\langle a_2, b_2 \rangle \sim \langle a_3, b_3 \rangle$, so folgt $a_1 + b_2 = a_2 + b_1$ und $a_2 + b_3 = a_3 + b_2$. Unter Ausnutzung der Assoziativität und Kommutativität von $+$ erhält man daraus

$$a_1 + b_3 + a_2 = a_1 + b_2 + a_3 = a_2 + b_1 + a_3 = a_3 + b_1 + a_2 \; .$$

Mit der Kürzungsregel folgt dann $a_1 + b_3 = a_3 + b_1$, d.h.

$$\langle a_1, b_1 \rangle \sim \langle a_3, b_3 \rangle \; .$$

Wir schreiben kurz $[a, b]$ für die Äquivalenzklasse $[\langle a, b \rangle]_{\sim}$. Es sei $G_1 := H \times H/_{\sim}$ die Menge aller Äquivalenzklassen von $\sim$.

In G_1 definieren wir eine Operation, die wir mit $+_1$ bezeichnen. Für $+_1$ soll gelten:

$$[a_1, b_1] +_1 [a_2, b_2] = [a_1 + a_2, b_1 + b_2] \; .$$

Die rechte Seite ist hierbei durch Rückgriff auf die Repräsentanten $\langle a_1, b_1 \rangle$ und $\langle a_2, b_2 \rangle$ der Äquivalenzklassen $[a_1, b_1]$ und $[a_2, b_2]$ definiert worden. Da aber $\langle a_1, b_1 \rangle \sim \langle a_3, b_3 \rangle$ und $\langle a_2, b_2 \rangle \sim \langle a_4, b_4 \rangle$ sofort

$$\langle a_1 + a_2, b_1 + b_2 \rangle \sim \langle a_3 + a_4, b_3 + b_4 \rangle$$

impliziert, ist diese Operation unabhängig von den gewählten Repräsentanten.

Die Operation $+_1$ ist eine Funktion von $G_1 \times G_1$ nach G_1, da

$$+_1 = \{ \langle \langle [a_1, b_1], [a_2, b_2] \rangle, [a_1 + a_2, b_1 + b_2] \rangle \mid a_1, a_2, b_1, b_2 \in H \}$$

offenbar eine Menge ist.

Die Assoziativität und Kommutativität dieser Operation rechnet man sofort über die Repräsentanten nach. Zum Beispiel ist

$$[a_1, b_1] +_1 [a_2, b_2] = [a_1 + a_2, b_1 + b_2] = [a_2 + a_1, b_2 + b_1] =$$
$$= [a_2, b_2] +_1 [a_1, b_1] \; .$$

Das neutrale Element von G_1 ist $0_1 := [a, a]$, wobei $a \in H$ beliebig wählbar ist.

Das Inverse zu $[a, b]$ ist $[b, a]$, d.h. es ist $\neg_1 [a, b] = [b, a]$. Damit ist gezeigt, daß $\langle G_1, +_1, 0_1 \rangle$ eine abelsche Gruppe ist.

Betrachtet man in G_1 die Menge $H_1 = \{ [a, 0] \mid a \in H \}$, so gilt:

    (i) $0_1 = [0, 0] \in H_1$

    (ii) H_1 ist unter der Operation $+_1$ abgeschlossen, denn
          $[a_1, 0] +_1 [a_2, 0] = [a_1 + a_2, 0]$

    (iii) $[a_1, 0] = [a_2, 0] \Longleftrightarrow a_1 = a_2 \; .$

Aus (i)−(iii) ist unmittelbar ersichtlich, daß dann die Funktion $f(a) := [a, 0]$
(also $f = \{\langle a, [a, 0]\rangle \mid a \in H\}$) ein injektiver Homomorphismus *(Einbettung)* von H
in G_1 ist, d.h.

$$f(0) = 0_1$$
$$f(a_1 + a_2) = f(a_1) +_1 f(a_2)$$
$$f(a_1) = f(a_2) \Longleftrightarrow a_1 = a_2 \ .$$

Das Bild von H unter f ist die Unterhalbgruppe H_1 von G_1. Also ist $\langle H, +, 0\rangle$
isomorph zu $\langle H_1, +_1 \mid_{H_1 \times H_1}, 0_1\rangle$.

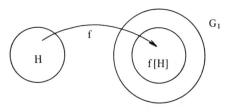

Damit ist es gelungen, eine zur vorgegebenen Halbgruppe isomorphe Halbgruppe
zu einer abelschen Gruppe zu erweitern. Um nun zu einer Erweiterungsgruppe von
$\langle H, +, 0\rangle$ im Sinne der mengentheoretischen Inklusion zu gelangen, „identifizieren"
wir H mit $f[H]$, d.h. wir ersetzen die Menge $f[H]$ durch H. Möglicherweise
haben aber H und $G_1 \setminus f[H]$ gemeinsame Elemente, die dann beim Bilden der
Vereinigung $H \cup (G_1 \setminus f[H])$ zusammenfallen. Um dieser Schwierigkeit zu ent-
gehen, benutzen wir nicht $G_1 \setminus f[H]$, sondern die „Kopie" $I := (G_1 \setminus f[H]) \times \{H\}$
(die Elemente von $G_1 \setminus f[H]$ werden mit H „indiziert", um Disjunktheit von H
zu erzwingen). Der Schnitt von H mit I ist leer, denn sonst gibt es $a \in H$ und
$a_1 \in G_1$ mit $a = \langle a_1, H\rangle$. Dann ist aber $H \in \{a_1, H\} \in \langle a_1, H\rangle = a \in H$. Das widerspricht jedoch dem Fundierungsaxiom.

Wir definieren jetzt

$$G := H \cup I \quad \text{und} \quad h := f^{-1} \cup \{\langle z, \langle z, H\rangle\rangle \mid z \in G_1 \setminus f[H]\} \ .$$

Die Menge h ist als Vereinigung zweier Funktionen mit disjunkten Definitions-
bereichen selbst eine Funktion. Der Wertebereich von h ist G. Aus der Injektivität der vereinigten Funktionen und der Disjunktheit ihrer Wertebereiche ergibt
sich die Injektivität von h. Also ist h eine Bijektion von G_1 auf G.

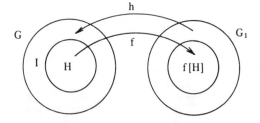

Die Einschränkung von h auf f [H] ist gerade f^{-1}. Wir bringen nun mittels der Bijektion h die algebraische Struktur von G_1 nach G hinüber. Dabei garantiert uns die Teilfunktion $f^{-1} \subset h$, daß die auf H induzierte Struktur mit der ursprünglich gegebenen übereinstimmt. Die Operation in G, die wir der Einfachheit halber wieder mit + bezeichnen (sie stimmt auf H mit dem gegebenen + überein), ist definiert durch:

$$c + d := h\,(h^{-1}\,(c) +_1 h^{-1}\,(d))\,.$$

h ist ein Isomorphismus von $\langle G_1, +_1, 0_1 \rangle$ auf $\langle G, +, 0 \rangle$. Nachzuweisen ist nur noch die Homomorphie. Es ist

$$h\,(0_1) = f^{-1}\,(0_1) = 0$$
$$h\,(a +_1 b) = h\,(h^{-1}\,(h\,(a)) +_1 h^{-1}\,(h\,(b)))$$
$$= h\,(a) + h\,(b)\,.$$

$\langle G, +, 0 \rangle$ ist also isomorph zu $\langle G_1, +_1, 0_1 \rangle$ und somit eine abelsche Gruppe, die H enthält. Jedes Element von G ist Differenz zweier Elemente von H, da es zu $c \in G$ immer $a, b \in H$ gibt mit

$$c = h\,([a, b]) = h\,([a, 0] \,{}_{\neg 1}\, [b, 0])$$
$$= h\,([a, 0]) - h\,([b, 0])$$
$$= a - b\,.$$

Man überlegt sich leicht, daß hierdurch die Gruppe G bis auf Isomorphie bestimmt ist.

Um bei den in diesem Rahmen üblichen Bezeichnungen zu bleiben, schreiben wir jetzt für ω immer $\mathbb{N}$. Erst wenn der „ordinale" Aspekt der natürlichen Zahlen in den Vordergrund tritt, kehren wir zur Bezeichnung ω zurück.

Es sei $\langle \mathbb{Z}, +, 0 \rangle$ die Quotientengruppe von $\langle \mathbb{N}, +, 0 \rangle$. Die Elemente von $\mathbb{Z}$ bezeichnet man als *ganze Zahlen*. Die Multiplikation in $\mathbb{Z}$ definieren wir durch

$$(m_1 - n_1) \cdot (m_2 - n_2) := (m_1 m_2 + n_1 n_2) - (m_1 n_2 + m_2 n_1)\,.$$

Diese Definition ist unabhängig von der Darstellung der ganzen Zahlen als Differenzen natürlicher Zahlen (davon überzeugt man sich leicht) — also macht die Definition für ganze Zahlen Sinn. Es zeigt sich, daß $\langle \mathbb{Z}, +, \cdot, 0, 1 \rangle$ ein kommutativer Ring mit Eins ist. — $\mathbb{Z}$ besitzt genau eine Anordnung, die die Ordnung von $\mathbb{N}$ fortsetzt. Diese ist definiert durch

$$z_1 \leqslant z_2 :\Longleftrightarrow \text{es gibt ein } n \in \mathbb{N} \text{ mit } z_1 + n = z_2\,.$$

Man zeigt leicht, daß die entsprechende Relation $<$ eine Ordnung von $\mathbb{Z}$ ist — und mit der Eigenschaft (6) der Addition ergibt sich sofort, daß diese Ordnung die Ordnung von $\mathbb{N}$ fortsetzt.

Daß diese Ordnung eine *Anordnung* ist, bedeutet

$$x < y \;\Rightarrow\; x + z < y + z$$
$$x < y \text{ und } 0 < z \;\Rightarrow\; x\,z < y\,z \, .$$

Auch dies bestätigt man leicht.

Da $\mathbb{Z}$ angeordnet ist, hat $\mathbb{Z}$ keine Nullteiler; $\langle \mathbb{Z}, +, \cdot, 0, 1 \rangle$ ist also ein Integritätsbereich. Wir bemerken noch, daß $\mathbb{N}$ gerade aus den positiven ganzen Zahlen be-
steht und daß die Ordnung von $\mathbb{Z}$ *diskret* ist, d.h.

$$x \leqslant z \leqslant x + 1 \;\Rightarrow\; z = x \text{ oder } z = x + 1 \, .$$

Man erhält alle von Null verschiedenen *rationalen Zahlen*, wenn man die Quotien-
tengruppe von $\langle \mathbb{Z} \setminus \{0\}, \cdot, 1 \rangle$ bildet. Zu dieser Quotientengruppe ist dann noch
die Null hinzuzufügen – und die Addition zu erklären. Auf diese Weise wird
$\langle \mathbb{Z}, +, \cdot, 0, 1 \rangle$ zu einem Körper erweitert, in dem jedes Element Quotient zweier
ganzer Zahlen ist. – Diese Konstruktion läßt sich für jeden Integritätsbereich
durchführen. Der resultierende Körper heißt *Quotientenkörper*. Wegen der Wichtig-
keit wollen wir die Konstruktion – ohne Rückgriff auf die Bildung der Quotientengruppe – direkt beschreiben.

Sei also $\langle I, +, \cdot, 0, 1 \rangle \in V$ ein Integritätsbereich. Wir betrachten $I \times (I \setminus \{0\})$.
Ein Element $\langle a, b \rangle$ davon repräsentiert einen „Bruch" $\frac{a}{b}$. In der Menge dieser
geordneten Paare definieren wir die Äquivalenzrelation $\sim$ durch:

$$\langle a_1, b_1 \rangle \sim \langle a_2, b_2 \rangle : \Longleftrightarrow a_1 b_2 = a_2 b_1 \, .$$

Die Äquivalenzklasse $[\langle a, b \rangle]_\sim$ bezeichnen wir durch $\frac{a}{b}$ – und nennen $\frac{a}{b}$ einen
Bruch. Die Addition und Multiplikation von Brüchen wird in gewohnter Weise
definiert:

$$\frac{a}{b} + \frac{c}{d} := \frac{ad + bc}{bd}$$

$$\frac{a}{b} \cdot \frac{c}{d} := \frac{ac}{bd} \, .$$

Diese Definitionen sind unabhängig von den Repräsentanten und definieren daher
Operationen auf den Äquivalenzklassen.

Man bestätigt leicht, daß die Menge der Äquivalenzklassen mit diesen Operationen
einen Körper bildet, der eine Kopie von $\langle I, +, \cdot, 0, 1 \rangle$ enthält. Einem $a \in I$ ent-
spricht der Bruch $\frac{a}{1}$.

Durch das im Falle der Quotientengruppen beschriebene „Ersetzungsverfahren"
läßt sich dieser Körper als Erweiterung des Integritätsbereiches I bilden. Jedes
Körperelement ist als Quotient von Elementen aus I darstellbar:

$$\frac{a}{b} = \frac{a}{1} \cdot \left(\frac{b}{1} \right)^{-1} \, .$$

Die *rationalen Zahlen* sind die Elemente des Quotientenkörpers $\mathbb{Q}$ des Integritätsbereiches $\mathbb{Z}$ der ganzen Zahlen.

Die Anordnung von $\mathbb{Z}$ setzt sich eindeutig auf $\mathbb{Q}$ fort durch

$$\frac{a}{b} \leqslant \frac{c}{d} :\Longleftrightarrow abd^2 \leqslant b^2 cd \,.$$

(Diese Definition ist von den Repräsentanten unabhängig.)

Die Anordnung von $\mathbb{Q}$ ist *archimedisch*, d.h. zu jeder rationalen Zahl existiert eine
natürliche Zahl n mit $r < n$. Für $r \in \mathbb{Z}$ ist die Existenz eines solchen $n \in \mathbb{N}$ klar.

Ist nun allgemein $r = \dfrac{a}{b} = \dfrac{ab}{b^2}$, so gibt es ein $n \in \mathbb{N}$ mit $ab < n$. Da von Null verschiedene Quadrate positiv sind und die Anordnung von $\mathbb{Z}$ diskret ist, gilt

$0 < 1 \leqslant b^2$. Also ist $ab < nb^2$. Hieraus ergibt sich mit $0 < \dfrac{1}{b^2}$ die Behauptung
$\dfrac{a}{b} < n$.

Mit Hilfe der Anordnung definieren wir den Absolutbetrag einer rationalen Zahl r
durch

$$|r| := \begin{cases} r\,, & \text{falls } r \geqslant 0 \\ -r & \text{sonst}\,. \end{cases}$$

Der Absolutbetrag hat die bekannten Eigenschaften

$$|r| = 0 \Longleftrightarrow r = 0$$
$$|r_1 \cdot r_2| = |r_1| \cdot |r_2|$$
$$|r_1 + r_2| \leqslant |r_1| + |r_2|\,.$$

Zum Schluß bemerken wir noch, daß $\mathbb{Q}$ die *Charakteristik* 0 hat, d.h.

$$\underbrace{1 + \ldots + 1}_{\text{n-mal}} = n \cdot 1 = n \neq 0 \quad \text{für } n > 0\,.$$

Kapitel 5 Reelle und komplexe Zahlen

Wir wollen in diesem Kapitel beschreiben, wie aus den rationalen Zahlen die reellen und komplexen Zahlen gewonnen werden. — Die reellen Zahlen erhält man, indem man alle Folgen von rationalen Zahlen betrachtet, die dem Cauchyschen Konvergenzkriterium genügen. Durch Übergang zu Äquivalenzklassen werden dann alle solche Folgen identifiziert, die sich nur um eine Nullfolge unterscheiden. Der resultierende Körper der reellen Zahlen ist vollständig in dem Sinne, daß jede Folge von reellen Zahlen, die dem Cauchyschen Konvergenzkriterium genügt, auch tatsächlich einen Grenzwert in den reellen Zahlen besitzt. — Von den reellen Zahlen gelangt man dann zu den komplexen Zahlen, indem man geordnete Paare von reellen Zahlen bildet und hierfür geeignete Operationen definiert.

Wir betrachten die Menge aller Folgen von rationalen Zahlen

$$R = \underset{i \in \mathbb{N}}{\text{\Large X}} \mathbb{Q} = \{f \mid f \colon \mathbb{N} \to \mathbb{Q}\} = \{\langle x_i \rangle_{i \in \mathbb{N}} \mid x_i \in \mathbb{Q}\} \,.$$

Anstelle von $\langle x_i \rangle_{i \in \mathbb{N}}$ schreiben wir in diesem Kapitel kürzer $\langle x_i \rangle$. Durch $\langle r \rangle$ bezeichnen wir die konstante Folge $\langle x_i \rangle$ mit Wert r, d.h. $x_i = r$ für alle $i \in \mathbb{N}$. Die Menge R wird zu einem kommutativen Ring, wenn wir die Operationen komponentenweise erklären:

$$\langle x_i \rangle + \langle y_i \rangle := \langle x_i + y_i \rangle$$
$$\langle x_i \rangle \cdot \langle y_i \rangle := \langle x_i \cdot y_i \rangle \,.$$

Die konstante Folge $\langle 0 \rangle$ ist das neutrale Element der Addition, und die konstante Folge $\langle 1 \rangle$ ist das neutrale Element der Multiplikation.

Eine Folge $\langle x_i \rangle \in R$ heißt *Cauchyfolge*, wenn es zu jeder rationalen Zahl $\epsilon > 0$ eine natürliche Zahl n gibt, so daß

$$|x_i - x_j| < \epsilon \qquad \text{für alle} \quad i, j > n \,.$$

Aus der Definition ergibt sich sofort, daß jede Cauchyfolge beschränkt ist. Denn $|x_i - x_j| < \epsilon$ für alle $i, j > n$ impliziert

$$|x_i| = |x_{n+1} + (x_i - x_{n+1})| \leqslant |x_{n+1}| + \epsilon \qquad \text{für alle} \quad i > n \,.$$

Jede konstante Folge ist eine Cauchyfolge — und sind $\langle x_i \rangle$ und $\langle y_i \rangle$ Cauchyfolgen, so sind auch $\langle -x_i \rangle$, $\langle x_i + y_i \rangle$, $\langle x_i \cdot y_i \rangle$ Cauchyfolgen. Wir zeigen nur, daß das Produkt zweier Cauchyfolgen wieder eine Cauchyfolge ist.

Seien also $\langle x_i \rangle$ und $\langle y_i \rangle$ Cauchyfolgen. $\langle x_i \rangle$ und $\langle y_i \rangle$ sind beschränkt. Also gibt es ein s derart, daß $|x_i|$, $|y_i| < s$ für alle i. Ist nun $\epsilon > 0$, so gibt es für $\frac{\epsilon}{2s}$ ein n mit

$$|x_i - x_j| < \frac{\epsilon}{2s} \quad \text{und} \quad |y_i - y_j| < \frac{\epsilon}{2s} \qquad \text{für alle } i, j > n .$$

Daraus folgt durch Multiplikation mit $|y_i|$ bzw. $|x_j|$

$$|x_i y_i - x_j y_i| < \frac{\epsilon}{2}$$
$$|x_j y_i - x_j y_j| < \frac{\epsilon}{2} \qquad \text{für } i, j > n$$

und somit

$$|x_i y_i - x_j y_j| < \epsilon \qquad \text{für } i, j > n .$$

Die Menge aller Cauchyfolgen C ist daher ein Teilring von R.

Eine Folge $\langle x_i \rangle$ *konvergiert* gegen $x \in \mathbb{Q}$, falls es zu jedem positiven ϵ ein n gibt mit

$$|x_i - x| < \epsilon \qquad \text{für alle } i > n .$$

Jede gegen x konvergierende Folge $\langle x_i \rangle$ ist eine Cauchyfolge. Insbesondere sind die gegen Null konvergierenden Folgen – die *Nullfolgen* – Cauchyfolgen. Die Differenz zweier Nullfolgen ist wieder eine Nullfolge. Das Produkt einer Nullfolge mit einer Cauchyfolge ist wieder eine Nullfolge. Dies ergibt sich folgendermaßen:

Sei $\langle x_i \rangle$ Nullfolge und $\langle y_i \rangle$ Cauchyfolge. Als Cauchyfolge ist $\langle y_i \rangle$ beschränkt, d.h. es gibt ein s mit $|y_i| < s$ für alle i. Sei $\epsilon > 0$ gegeben. Da $\langle x_i \rangle$ Nullfolge ist, gibt es ein n mit

$$|x_i| < \frac{\epsilon}{s} \qquad \text{für } i > n .$$

Dann folgt

$$|x_i y_i| < \epsilon \qquad \text{für } i > n .$$

Also ist das Produkt eine Nullfolge.

Wir haben damit nachgewiesen, daß die Menge N aller Nullfolgen ein Ideal des Ringes C aller Cauchyfolgen ist. Das Ideal N führt zu einer Restklassenstruktur $\mathbb{R} := C/_\sim$, wobei die Äquivalenzrelation $\sim$ in C durch

$$\langle x_i \rangle \sim \langle y_i \rangle : \Longleftrightarrow \langle x_i - y_i \rangle \in N$$

gegeben ist. Die Elemente von $\mathbb{R}$ heißen *reelle Zahlen*.

Die Operationen in $\mathbb{R}$ sind definiert durch

$$\langle \overline{x_i} \rangle + \langle \overline{y_i} \rangle := \langle \overline{x_i + y_i} \rangle$$
$$\langle \overline{x_i} \rangle \cdot \langle \overline{y_i} \rangle := \langle \overline{x_i \cdot y_i} \rangle \,.$$

Dabei bezeichnet $\langle \overline{x_i} \rangle$ die Äquivalenzklasse $[\langle x_i \rangle]_\sim$.

Diese Definitionen sind unabhängig von den Repräsentanten der Restklassen. Es zeigt sich, daß $\mathbb{R}$ ein kommutativer Ring mit Eins ist.

Wir zeigen nun, daß $\mathbb{R}$ sogar ein Körper ist. Sei also $\langle x_i \rangle \in C \setminus N$. Zu zeigen ist, daß es ein $\langle y_i \rangle \in C$ gibt mit $\langle x_i y_i - 1 \rangle \in N$. Zuerst bemerken wir, daß es ein n und ein $\tau > 0$ geben muß mit

$$|x_i| \geqslant \tau \qquad \text{für alle} \quad i > n \,.$$

Denn anderenfalls gäbe es zu jedem n und jedem $\tau > 0$ ein $i > n$ mit $|x_i| < \tau$. Da aber $\langle x_i \rangle$ Cauchyfolge ist, gibt es zu jedem $\tau > 0$ ein n mit

$$|x_i - x_j| < \tau \qquad \text{für alle} \quad i, j > n \,.$$

Dann wäre aber $|x_j| < 2\tau$ für alle $j > n$. Somit wäre $\langle x_i \rangle \in N$. Wir bleiben in der gleichen Restklasse nach N, wenn wir in $\langle x_i \rangle$ die ersten $n + 1$ Glieder $x_0, \ldots, x_n$ durch τ ersetzen. Wir können daher $|x_i| \geqslant \tau > 0$ für alle i voraussetzen. Wenn $\langle x_i^{-1} \rangle$ Cauchyfolge ist, sind wir fertig.

Zu jedem $\epsilon > 0$ gibt es ein n mit

$$|x_i - x_j| < \epsilon \tau^2 \qquad \text{für} \quad i, j > n \,.$$

Wäre nun $|x_j^{-1} - x_i^{-1}| \geqslant \epsilon$ für gewisse $i, j > n$, so ergäbe Multiplikation mit $|x_i| \geqslant \tau$ und $|x_j| \geqslant \tau$

$$|x_i - x_j| = |x_i x_j (x_j^{-1} - x_i^{-1})| \geqslant \epsilon \tau^2 \,.$$

Dies widerspräche aber der Voraussetzung. Also ist $\langle x_i^{-1} \rangle$ Cauchyfolge.

Ordnen wir durch f jedem $r \in \mathbb{Q}$ die Restklasse der konstanten Folge mit Wert r zu, d.h. $f(r) := \langle \overline{r} \rangle$, so ist dadurch eine Einbettung des Körpers $\mathbb{Q}$ in den Körper $\mathbb{R}$ gegeben.

Die reellen Zahlen werden zu einem angeordneten Körper, wenn man eine Ordnungsrelation folgendermaßen definiert:

$$\langle \overline{x_i} \rangle < \langle \overline{y_i} \rangle :\iff \begin{cases} \text{es gibt ein } \epsilon > 0 \text{ und ein } n \in \mathbb{N} \\ \text{mit } y_i - x_i > \epsilon \text{ für alle } i > n. \end{cases}$$

Es ist wiederum leicht nachzuweisen, daß diese Definition von der Wahl der Repräsentanten unabhängig ist. Für rationale Zahlen r_1, r_2 gilt

$$r_1 < r_2 \iff f(r_1) < f(r_2) \,.$$

Daher ist die Einbettung f von $\mathbb{Q}$ in $\mathbb{R}$ ordnungstreu.

Da jede Cauchyfolge beschränkt ist, gibt es zu jedem $x \in \mathbb{R}$ ein $r \in \mathbb{Q}$ mit $x < f(r)$. Also gibt es auch zu jedem $\epsilon > 0$, $\epsilon \in \mathbb{R}$ ein $\epsilon' \in \mathbb{Q}$ mit $0 < f(\epsilon') < \epsilon$.

In $\mathbb{R}$ selbst kann man nun wieder die Begriffe absoluter Betrag, Cauchyfolge, Nullfolge usw. definieren.

Ist $x = \overline{\langle x_i \rangle}$ eine reelle Zahl, die durch die rationale Cauchyfolge $\langle x_i \rangle$ repräsentiert wird, so behaupten wir, daß die Folge $\langle f(x_i) \rangle$ gegen x in $\mathbb{R}$ konvergiert. Wir haben zu zeigen, daß es zu jedem $\tau > 0$, $\tau \in \mathbb{R}$ ein n gibt mit $|f(x_i) - x| < \tau$ für $i > n$. Dazu genügt es nachzuweisen, daß es zu jedem $\epsilon > 0$, $\epsilon \in \mathbb{Q}$ ein n gibt mit $|f(x_i) - x| < f(\epsilon)$ für $i > n$. Die Ungleichung $|f(x_i) - x| < f(\epsilon)$ ist aber äquivalent zu: $f(x_i) - x < f(\epsilon)$ und $x - f(x_i) < f(\epsilon)$. Nach Definition der Ordnung in $\mathbb{R}$ bedeutet dies, daß es ein $\rho > 0$, $\rho \in \mathbb{Q}$ und ein m gibt mit

$$\epsilon - (x_i - x_j) > \rho \quad \text{und} \quad \epsilon - (x_j - x_i) > \rho \quad \text{für alle } j > m \,.$$

Da aber $\langle x_i \rangle$ Cauchyfolge ist, existieren solche m und ρ.

Wir zeigen nun, daß jede Cauchyfolge in $\mathbb{R}$ gegen ein $x \in \mathbb{R}$ konvergiert.

Sei also $\langle z_i \rangle$ eine Cauchyfolge in $\mathbb{R}$. Wir definieren in $\mathbb{Q}$ die Nullfolge $\langle \epsilon_i \rangle$ mit $\epsilon_i = \frac{1}{i+1}$. Zu z_i wählen wir $x_i \in \mathbb{Q}$ mit $|f(x_i) - z_i| < f(\epsilon_i)$. Ein solches x_i gibt es aufgrund der vorherigen Überlegungen. (Um hier eine Anwendung des Auswahlaxioms zu vermeiden, betrachten wir unter den für festes i zur Verfügung stehenden x_i diejenigen, die eine Bruchdarstellung $\frac{n}{m}$ mit $n, m \in \mathbb{Z}$, $m \geqslant 1$ und minimalem Nenner m erlauben. Aus dieser Menge nehmen wir dann dasjenige mit kleinstem positiven Zähler oder, falls dies nicht möglich ist, mit größtem Zähler.)

Zu jedem $\epsilon > 0$, $\epsilon \in \mathbb{Q}$ gibt es ein n mit

$$|z_i - z_j| < f\left(\frac{\epsilon}{3}\right) \quad \text{und} \quad \epsilon_i < \frac{\epsilon}{3} \quad \text{für alle } i, j > n \,.$$

Es folgt $|f(x_i) - f(x_j)| \leqslant |f(x_i) - z_i| + |z_i - z_j| + |z_j - f(x_j)| < f(\epsilon)$ für alle $i, j > n$.

Also ist $\langle x_i \rangle$ eine Cauchyfolge in $\mathbb{Q}$, die die reelle Zahl $x = \overline{\langle x_i \rangle}$ definiert. Es ist $|x - z_i| \leqslant |x - f(x_i)| + |f(x_i) - z_i|$. Daher ist $\langle x - z_i \rangle$ eine Nullfolge – und das bedeutet, daß $\langle z_i \rangle$ gegen x konvergiert.

Nach dem früher beschriebenen Ersetzungsverfahren können wir $\mathbb{Q}$ als Teilkörper von $\mathbb{R}$ auffassen. Also ist $\mathbb{N} \subset \mathbb{Z} \subset \mathbb{Q} \subset \mathbb{R}$.

Um zu den *komplexen Zahlen* $\mathbb{C}$ zu gelangen, betrachten wir geordnete Paare reeller Zahlen. (Dabei steht $\langle x, y \rangle$ für „$x + iy$".) Die Operationen sind folgendermaßen definiert:

$$\langle x_1, y_1 \rangle + \langle x_2, y_2 \rangle := \langle x_1 + x_2, y_1 + y_2 \rangle$$
$$\langle x_1, y_1 \rangle \cdot \langle x_2, y_2 \rangle := \langle x_1 x_2 - y_1 y_2, x_1 y_2 + y_1 x_2 \rangle \,.$$

Man zeigt leicht, daß $\mathbb{R} \times \mathbb{R}$ mit diesen Operationen ein Körper ist, in den $\mathbb{R}$ durch $f(x) := \langle x, 0 \rangle$ eingebettet ist. Setzt man $i := \langle 0, 1 \rangle$, so erhält man sofort:

$$\langle x, y \rangle = f(x) + i f(y) \quad \text{und} \quad i^2 = -f(1) \,.$$

Nach Anwendung des früher beschriebenen Ersetzungsverfahrens wird $\mathbb{C}$ zu einem Oberkörper von $\mathbb{R}$ und jedes Element $z \in \mathbb{C}$ läßt sich eindeutig in der Form $z = x + iy$ mit $x, y \in \mathbb{R}$ schreiben, wobei i eine dem Element $\langle 0, 1 \rangle$ entsprechende Wurzel von -1 ist.

Wir haben also, ausgehend von den natürlichen Zahlen, die üblichen Zahlbereiche bis zu den komplexen Zahlen mengentheoretisch eingeführt. Der Aufbau vollzog sich schrittweise, indem wir aus schon vorliegenden Bereichen durch mengentheoretische Operationen neue Mengen gewonnen haben, in denen geeignete Äquivalenzrelationen erklärt wurden. Die neuen Zahlbereiche bestanden dann gerade aus den dazugehörigen Äquivalenzklassen. Den Übergängen von $\mathbb{N}$ zu $\mathbb{Z}$ bzw. von $\mathbb{Z}$ zu $\mathbb{Q}$ lagen dabei allgemeine algebraische Konstruktionen wie Bildung der Quotientengruppe bzw. Bildung des Quotientenkörpers zugrunde. Ganz ähnlich sind die Verhältnisse beim Übergang von $\mathbb{Q}$ zu $\mathbb{R}$. Das hier beschriebene Verfahren läßt sich in wesentlich allgemeineren Situationen anwenden (jedoch nicht immer unter Vermeidung des Auswahlaxioms). Dies wollen wir kurz am Beispiel metrischer Räume andeuten.

Unter einem *metrischen Raum* versteht man eine nicht leere Menge X, für die eine *Abstandsfunktion* $d : X \times X \rightarrow \{z \mid z \in \mathbb{R} \text{ und } z \geqslant 0\}$ gegeben ist, die folgende Eigenschaften hat:

(i) $d(x, y) = 0 \Longleftrightarrow x = y$

(ii) $d(x, y) = d(y, x)$

(iii) $d(x, y) \leqslant d(x, z) + d(z, y)$ *(Dreiecksungleichung)*.

Zum Beispiel ist $\mathbb{Q}$ mit der Funktion $d(r_1, r_2) := |r_1 - r_2| \in \mathbb{Q}$ ein metrischer Raum. — In metrischen Räumen lassen sich Begriffe wie Cauchyfolge und konvergente Folge einführen:

$$\langle x_i \rangle \text{ ist Cauchyfolge} : \Longleftrightarrow \begin{cases} \text{zu jedem } \epsilon > 0 \text{ gibt es ein } n \text{ mit} \\ d(x_i, x_j) < \epsilon \text{ für } i, j > n. \end{cases}$$

$$\langle x_i \rangle \text{ konvergiert gegen } x : \Longleftrightarrow \begin{cases} \text{zu jedem } \epsilon > 0 \text{ gibt es ein } n \text{ mit} \\ d(x_i, x) < \epsilon \text{ für } i > n. \end{cases}$$

Für jeden metrischen Raum $\langle X, d \rangle$ kann man die Menge aller Cauchyfolgen C bilden. In C läßt sich eine Äquivalenzrelation durch

$$\langle x_i \rangle \sim \langle y_i \rangle : \Longleftrightarrow \langle d(x_i, y_i) \rangle \text{ ist eine Nullfolge (in } \mathbb{R})$$

einführen. Auf der Äquivalenzklassenmenge $C/_\sim$ ist wieder eine Abstandsfunktion definiert durch

$$d(\langle \overline{x_i} \rangle, \langle \overline{y_i} \rangle) = z : \Longleftrightarrow \langle d(x_i, y_i) \rangle \text{ konvergiert gegen } z \text{ (in } \mathbb{R}).$$

Auf diese Weise wird $C/_\sim$ zu einem metrischen Raum, in den sich X durch $f(x) := \langle \overline{x} \rangle$ abstandserhaltend einbetten läßt. Für $C/_\sim$ weist man — wie bei $\mathbb{R}$ — nach, daß jede Cauchyfolge gegen ein Element von $C/_\sim$ konvergiert. Metrische

Räume mit dieser Eigenschaft heißen *vollständig*. Durch f wird X auf die dichte Teilmenge f[X] ⊂ C/$_\sim$ abgebildet. Dies ergibt sich unmittelbar aus:

$$x = \langle \overline{x_i} \rangle \;\; \Rightarrow \;\; \langle f(x_i) \rangle \text{ konvergiert gegen } x \;.$$

Nach Anwendung des Ersetzungsverfahrens erhalten wir einen vollständigen metrischen Raum $\langle \hat{X}, \hat{d} \rangle$ mit $X \subset \hat{X}$, $\hat{d}|_{X \times X} = d$ und in $\hat{X}$ dicht liegendem X. Man weist leicht nach, daß ein solcher Raum bis auf abstandserhaltende Bijektionen – man nennt solche Abbildungen auch *Isometrien* – eindeutig bestimmt ist.

$\langle \hat{X}, \hat{d} \rangle$ heißt *Vervollständigung von* $\langle X, d \rangle$. Jeder metrische Raum besitzt also bis auf Isometrie eine Vervollständigung. Ganz analog lassen sich auch metrische Räume mit einer zusätzlichen algebraischen Struktur vervollständigen. Ist zum Beispiel X ein normierter Vektorraum oder ein Prähilbertraum, so hat X eine metrische Struktur. Die Vervollständigung bezüglich dieser Metrik ist wieder in natürlicher Weise ein normierter Vektorraum bzw. Prähilbertraum. Auf diese Weise läßt sich also jeder normierte Raum zu einem vollständigen normierten Raum – einem *Banachraum* – erweitern. Ebenso ist jeder Prähilbertraum in einem vollständigen Prähilbertraum enthalten. Solche Räume heißen *Hilberträume*. Es zeigt sich also, daß das bekannte Verfahren der Vervollständigung von Strukturen sich in unserem mengentheoretischen Rahmen ausführen läßt.

Zum Schluß möchten wir noch erwähnen, daß in den rationalen Zahlen neben der üblichen Norm | | zu jeder Primzahl p auch eine p-adische Norm | |$_p$ existiert. Die Vervollständigung von $\mathbb{Q}$ bezüglich einer p-adischen Norm führt zum Körper $\mathbb{Q}_p$ der p-*adischen Zahlen*.

Kapitel 6 Wohlordnungen

In Kap. 3 haben wir gezeigt, daß ω durch $<$ linear geordnet wird. Dabei war $m < n$ durch $m \in n$ definiert. Für diese lineare Ordnung haben wir das Prinzip vom kleinsten Element (3.9) gezeigt. – Lineare Ordnungen mit dieser zusätzlichen Eigenschaft heißen Wohlordnungen.

Wir wollen diese Begriffe gleich ein wenig allgemeiner für Klassen einführen.

Wir nennen eine Klasse A durch eine Klasse R *linear geordnet*, falls gilt:

(1) $R \subset A \times A$

(2) $x \, R \, x$ für kein $x \in A$ *(Irreflexivität)*

(3) $x \, R \, y$ und $y \, R \, z \;\Rightarrow\; x \, R \, z$
        für alle $x, y, z \in A$ *(Transitivität)*

(4) $x \, R \, y$ oder $x = y$ oder $y \, R \, x$
        für alle $x, y \in A$ *(Konnexität)*.

Wir nennen A durch R *wohlgeordnet*, falls gilt:

(i)   A wird durch R linear geordnet.

(ii)   Jede nicht leere Teilklasse $B \subset A$ besitzt ein kleinstes Element bezüglich R, d.h. es gibt ein $x \in B$, so daß für alle $y \in B$ entweder $x = y$ oder $x \, R \, y$ gilt.

(iii)   Für alle $y \in A$ ist das durch y bestimmte *Segment* $S(y, R) := \{x \mid x R y\}$ eine Menge, d.h. $S(y, R) \in V$.

Wenn aus dem Zusammenhang klar ist, von welchem R die Rede ist, so schreiben wir für $S(y, R)$ einfach $S(y)$.

Wir bemerken, daß die Bedingung (iii) für $A \in V$ immer erfüllt ist.

Wird A_1 durch R_1 linear geordnet und A_2 durch R_2 linear geordnet, so ist eine Bijektion $F : A_1 \longleftrightarrow A_2$ ein *Ordnungsisomorphismus*, wenn für alle $x, y \in A_1$ gilt:

$$x \, R_1 \, y \Longleftrightarrow F(x) \, R_2 \, F(y) \, .$$

Für Mengen führen wir folgende Begriffe ein:

$\langle a, r \rangle$ ist eine *lineare Ordnung*	$:\Longleftrightarrow$	a wird durch r linear geordnet
$\langle a, r \rangle$ ist eine *Wohlordnung*	$:\Longleftrightarrow$	a wird durch r wohlgeordnet
$f : \langle a_1 \, r_1 \rangle \overset{\sim}{\longleftrightarrow} \langle a_2, r_2 \rangle$	$:\Longleftrightarrow$	f ist ein Ordnungsisomorphismus von a_1 mit r_1 auf a_2 mit r_2
$\langle a_1, r_1 \rangle$ ist *isomorph* zu $\langle a_2, r_2 \rangle$	$:\Longleftrightarrow$	es gibt ein f mit $f : \langle a_1, r_1 \rangle \overset{\sim}{\longleftrightarrow} \langle a_2, r_2 \rangle$.

Die Isomorphie definiert eine Äquivalenz sowohl in der Klasse aller linearen Ordnungen als auch in der Klasse aller Wohlordnungen.

Wir wollen nun einige Beispiele von Wohlordnungen betrachten. – Eines haben wir schon erwähnt, nämlich $\langle \omega, r \rangle$, wobei $m\,r\,n$ durch $m \in n$ definiert ist. Diese Wohlordnung können wir uns durch folgende Zeichnung veranschaulichen:

$$\vdash\!\!\!-\!\!\!+\!\!\!-\!\!\!+\!\!\!-\!\!\!+\!\!\!-\!\!\!+\!\!\!-\!\!\!+\!\!\!-\!\!\!+\!\!\!\longrightarrow$$
$$0 \quad 1 \quad 2 \quad 3$$

Ein zweites Beispiel ist $\langle \{\omega\}, \emptyset \rangle$.

$$\overset{\bullet}{\omega}$$

Aus diesen beiden Wohlordnungen lassen sich neue Wohlordnungen zusammensetzen:

(i): $\quad \langle \omega \cup \{\omega\},\ r \cup \{\langle n, \omega \rangle \mid n \in \omega\} \rangle$

$$\vdash\!\!\!-\!\!\!+\!\!\!-\!\!\!+\!\!\!-\!\!\!+\!\!\!-\!\!\!+\!\!\!-\!\!\!+\!\!\!-\!\!\!+\!\!\!\longrightarrow \qquad \overset{\bullet}{\omega}$$
$$0 \quad 1 \quad 2 \quad 3 \quad 4$$

(ii): $\quad \langle \omega \cup \{\omega\},\ r \cup \{\langle \omega, n \rangle \mid n \in \omega\} \rangle$

$$\overset{\bullet}{\omega} \quad \vdash\!\!\!-\!\!\!+\!\!\!-\!\!\!+\!\!\!-\!\!\!+\!\!\!-\!\!\!+\!\!\!-\!\!\!+\!\!\!\longrightarrow$$
$$\quad\ 0 \quad 1 \quad 2$$

Ganz allgemein kann man aus zwei Wohlordnungen $\langle a_1, r_1 \rangle$ und $\langle a_2, r_2 \rangle$ durch „Hintereinandersetzen" eine neue Wohlordnung gewinnen. Wir setzen voraus, daß $a_1 \cap a_2 = \emptyset$. (Dies ist keine Einschränkung, wenn man die Ordnungen nur bis auf Isomorphie betrachtet.) Sodann definieren wir:

$$\langle a, r \rangle := \langle a_1 \cup a_2,\ r_1 \cup r_2 \cup \{\langle x_1, x_2 \rangle \mid x_1 \in a_1 \text{ und } x_2 \in a_2\} \rangle$$

$$\vdash\!\!\!-\!\!\!+\!\!\!-\!\!\!+\!\!\!\longrightarrow \qquad\qquad \vdash\!\!\!-\!\!\!+\!\!\!-\!\!\!+\!\!\!\longrightarrow$$
$$\underbrace{\langle a_1, r_1 \rangle \qquad\qquad\qquad \langle a_2, r_2 \rangle}_{\langle a, r \rangle}$$

$\langle a, r \rangle$ ist eine lineare Ordnung, wie leicht einzusehen ist.

$\langle a, r \rangle$ ist sogar eine Wohlordnung, denn

$$\emptyset \neq b \subseteq a \;\Rightarrow\; b \cap a_1 \neq \emptyset \quad \text{oder} \quad b \subseteq a_2\,.$$

Im ersten Falle hat $b \cap a_1$ bezüglich r_1 ein kleinstes Element, das auch bezüglich r kleinstes Element von b ist. Im anderen Falle hat b bezüglich r_2 ein kleinstes Element, das auch bezüglich r kleinstes Element ist.

Man nennt diese so zusammengesetzte Wohlordnung die *Summe* von $\langle a_1, r_1 \rangle$ und $\langle a_2, r_2 \rangle$. – Wie unsere Beispiele zeigen, ist hierbei die Reihenfolge der „Summanden" wichtig.

Ein weiteres Verfahren, aus gegebenen Wohlordnungen neue zu gewinnen, ist der Übergang zu *Teilordnungen*. Ist $\langle a, r \rangle$ eine Wohlordnung und $a_1 \subset a$, so ist auch $\langle a_1, r \cap (a_1 \times a_1) \rangle$ eine Wohlordnung. Wir schreiben anstelle von $\langle a_1, r \cap (a_1 \times a_1) \rangle$ auch kürzer $\langle a_1, r \rangle$.

Es läßt sich auch ein Produkt zweier Wohlordnungen definieren. Gegeben seien die Wohlordnungen $\langle a_1, r_1 \rangle$, $\langle a_2, r_2 \rangle$. Das *Produkt* von $\langle a_1, r_1 \rangle$ mit $\langle a_2, r_2 \rangle$ ist $\langle a, r \rangle$, wobei $a = a_1 \times a_2$ und r gegeben ist durch

$$\langle x_1, y_1 \rangle \, r \, \langle x_2, y_2 \rangle : \Longleftrightarrow y_1 \, r_2 \, y_2 \quad \text{oder} \quad (y_1 = y_2 \text{ und } x_1 \, r_1 \, x_2) \, .$$

Es werden also a_2-viele Kopien von $\langle a_1, r_1 \rangle$ durch r_2 geordnet.

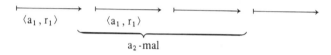

$$\langle a_1, r_1 \rangle \qquad \underbrace{\langle a_1, r_1 \rangle \qquad\qquad\qquad}_{a_2 \text{-mal}}$$

Man überlegt sich leicht, daß $\langle a, r \rangle$ eine lineare Ordnung ist – die *lexikographische Ordnung mit vorrangiger zweiter Komponente*. – Ist nun b eine nichtleere Teilmenge von $a = a_1 \times a_2$, so gibt es in $b_2 := \{y \mid \text{es gibt } x \text{ mit } \langle x, y \rangle \in b\}$ ein kleinstes Element y_0 bezüglich r_2. Dann besitzt aber $b_1 := \{x \mid \langle x, y_0 \rangle \in b\}$ ein kleinstes Element x_0 bezüglich r_1. $\langle x_0, y_0 \rangle$ ist dann das kleinste Element von b bezüglich r.

Wir betrachten nun wieder allgemein Klassen A, die durch ein R linear geordnet werden. Eine Teilklasse $S \subset A$ heißt *Segment* (genauer eigentlich R-Segment), wenn für alle x und y gilt:

$$y \in S \text{ und } x \, R \, y \Rightarrow x \in S \, .$$

Ein Segment $S \subset A$ heißt *echtes Segment*, falls $S \neq A$ ist. Es gilt dann

(6.1)   **Lemma:**

 (1) *Wird A durch R linear geordnet, so sind je zwei Segmente S_1, S_2 bezüglich der Inklusion vergleichbar, d. h. $S_1 \subset S_2$ oder $S_2 \subset S_1$.*

 (2) *Wird A durch R wohlgeordnet, so ist jedes echte Segment S von der Gestalt $S = S(y) = \{x \mid x \, R \, y\}$ für ein geeignetes $y \in A$.*

Beweis:

(1) Ist $x \in S_1 \setminus S_2$, so gibt es kein $y \in S_2$ mit $x \, R \, y$ (denn sonst wäre auch $x \in S_2$). Also gilt für jedes $y \in S_2$ auch $y \, R \, x$ – und somit $S_2 \subset S_1$.

(2) Man wähle y als das kleinste Element von $A \setminus S$.   □

Für Wohlordnungen läßt sich wie für ω ein Rekursionssatz beweisen, der *Rekursionssatz für Wohlordnungen*.

(6.2)   **Satz:** A *sei durch* R *wohlgeordnet.* G : V × V → V *sei eine funktionale Klasse. Dann gibt es genau eine funktionale Klasse* F : A → V *mit*

$$F(z) = G(z, F|_{S(z)}) \ .$$

Bemerkung: Hier ist nicht wie beim Rekursionssatz für ω nur das Zurückgreifen auf einen direkt vorhergehenden Funktionswert (nämlich auf $f(n)$ bei $f(n+1) = G(f(n))$) erlaubt, sondern sogar der Rückgriff auf die gesamte schon gegebene Funktion $F|_{S(z)}$. Dies erweist sich als notwendig, wenn man bedenkt, daß in einer Wohlordnung nicht immer jedes Element einen direkten Vorgänger hat. Zum Beispiel hat ω in

$$\begin{array}{ccccccc} \vdash & + & + & + & + & \longrightarrow & \cdot \\ 0 & 1 & 2 & 3 & & & \omega \end{array}$$

keinen direkten Vorgänger.

Außerdem bemerken wir noch, daß der Rekursionsanfang hier durch $F(x_0) = G(x_0, F|_\emptyset) = G(x_0, \emptyset)$ gegeben ist, wenn x_0 das kleinste Element von A ist.

Beweis des Rekursionssatzes: Zum Nachweis der Existenz setzen wir:

$$H := \left\{ f \ \middle| \ \begin{array}{l} f : S \to V, \text{ wobei } S \text{ ein Segment von A ist} \\ \text{und } f(y) = G(y, f|_{S(y)}) \text{ für alle } y \in S \text{ gilt} \end{array} \right\} \ .$$

H besteht gerade aus den Funktionen, die ein Segment von A als Definitionsbereich haben und die in diesem Segment den Rekursionsbedingungen genügen. Wir bemerken zuerst, daß

$$f_1, f_2 \in H \ \Rightarrow \ f_1 \subset f_2 \ \text{oder} \ f_2 \subset f_1 \ .$$

Ist nämlich $f_1 : S_1 \to V$ und $f_2 : S_2 \to V$, so folgt $S_1 \subset S_2$ oder $S_2 \subset S_1$, da die S_i Segmente sind. Ist beispielsweise $S_1 \subset S_2$ und wäre $f_2|_{S_1} \neq f_1$, so gäbe es ein kleinstes $y_0 \in S_1$ mit $f_1(y_0) \neq f_2(y_0)$. Dann wäre aber $f_1|_{S(y_0)} = f_2|_{S(y_0)} -$ und somit doch $f_1(y_0) = G(y_0, f_1|_{S(y_0)}) = f_2(y_0)$. Also sind je zwei Funktionen aus H bezüglich der Inklusion vergleichbar.

Wir bilden die Vereinigung über alle Elemente von H und erhalten die funktionale Klasse $F := \bigcup H$. Der Definitionsbereich von F ist ein Segment von A. Wäre nun D(F) ein echtes Segment, so gäbe es nach (6.1) ein $x \in A$ mit $D(F) = S(x) \in V$. Nach (2.4) (2) wäre dann $F \in V$ und $F \cup \{\langle x, G(x, F|_{S(x)})\rangle\}$ wäre in H. Also wäre auch x in D(F) = S(x) − im Widerspruch zu $x \notin S(x)$. − Daher ist D(F) = A. Damit ist die Existenzaussage bewiesen.

Die Eindeutigkeit ergibt sich folgendermaßen: Wären $F_1 \neq F_2$ funktionale Klassen der gewünschten Art, so gäbe es ein kleinstes z mit $F_1(z) \neq F_2(z)$. Also wäre $F_1|_{S(z)} = F_2|_{S(z)}$. Es wäre dann aber

$$F_1(z) = G(z, F_1|_{S(z)}) = F_2(z) \ . \qquad \qquad \square$$

Mit Hilfe des Rekursionssatzes beweisen wir nun folgendes *Kontraktionslemma:*

(6.3)   **Lemma:** *Ist* A *durch* R *wohlgeordnet, so gibt es genau eine funktionale Klasse* F *und eine transitive Klasse* B, *so daß* F *eine Bijektion von* A *auf* B *ist und für alle* $x, y \in A$ *gilt:*

$$x \, R \, y \Longleftrightarrow F(x) \in F(y) \, .$$

Es folgt, daß B durch $E := \{\langle x, y \rangle \mid x \in y \text{ und } x, y \in B\}$ wohlgeordnet ist und F ein Ordnungsisomorphismus von A mit R auf B mit E ist.

Beweis: Wir setzen

$$G(y, z) := W(z) = \text{Wertebereich von } z \text{ für } \langle y, z \rangle \in V \times V \, .$$

Nach dem Rekursionssatz gibt es genau eine funktionale Klasse $F: A \to V$ mit

$$F(z) = G(z, F|_{S(z)}) = W(F|_{S(z)}) = \{F(x) \mid x \, R \, z\} \, .$$

Setzt man $B := W(F)$, so ist $F: A \to B$ surjektiv. Die Injektivität von F ergibt sich sofort, da mit $F(x) = F(z)$ und $x \, R \, z$ auch $F(x) \in F(z) = F(x)$ wäre. Das widerspräche aber dem Fundierungsaxiom. Also ist F eine Bijektion von A auf B. Um die Transitivität von B zu zeigen, sei $b \in B$. Nach Definition von B gibt es dann ein $z \in A$ mit $b = F(z)$. Wegen $F(z) = \{F(x) \mid x \, R \, z\}$ folgt also $b \subset B$. Wir zeigen nun

$$x \, R \, y \Longleftrightarrow F(x) \in F(y) \, .$$

Die Implikation $x \, R \, y \Rightarrow F(x) \in F(y)$ ist nach Definition von F klar. Sei also $F(x) \in F(y)$. Nach Definition von F folgt, daß es ein z gibt mit $F(x) = F(z)$ und $z \, R \, y$. Aus der Injektivität von F ergibt sich $x = z$ und damit $x \, R \, y$.

Es ist nur noch die Eindeutigkeit von F und B zu zeigen. Sei dazu $F_1: A \leftrightarrow B_1$, B_1 transitiv und für alle $x, y \in A$ sei

$$x \, R \, y \Longleftrightarrow F_1(x) \in F_1(y) \, .$$

Aus der Transitivität von B_1 folgt

$$F_1(z) \in B_1 \Rightarrow F_1(z) \subset B_1 \, .$$

Also gilt:

$$\begin{aligned} b \in F_1(z) &\Longleftrightarrow \text{ es gibt ein } x \text{ mit } b = F_1(x) \in F_1(z) \\ &\Longleftrightarrow \text{ es gibt ein } x \text{ mit } b = F_1(x) \text{ und } x \, R \, z. \end{aligned}$$

Daher ist $F_1(z) = \{F_1(x) \mid x \, R \, z\}$ — und somit ist $F_1(z) = G(z, F_1|_{S(z)})$ für das vorher gewählte G.

Aus der Eindeutigkeitsaussage des Rekursionssatzes folgt $F_1 = F$ und somit auch $B_1 = B$.   □

(6.4)   **Korollar:** *Zu jeder Wohlordnung* $\langle a, r \rangle$ *gibt es genau einen Ordnungs-isomorphismus* f *auf eine durch* $\in$ *wohlgeordnete transitive Menge* b.

Dabei meint „durch $\in$ wohlgeordnete Menge b", daß b durch
$e = \{\langle x, y \rangle \mid x \in y\} \cap (b \times b)$ wohlgeordnet ist. Anstelle von $\langle b, e \rangle$ schreiben wir einfach $\langle b, \in \rangle$.

Bemerkung: Aus dem Fundierungsaxiom folgt, daß jede durch $\in$ linear geordnete Klasse A schon durch $\in$ wohlgeordnet ist. Denn jedes nicht leere $B \subset A$ enthält nach dem Funierungsaxiom ein b mit $b \cap B = \emptyset$. Das heißt aber, falls B durch $\in$ linear geordnet wird, daß b kleinstes Element von B bezüglich $\in$ ist. Weiterhin ist jedes Segment $S(y) = \{x \mid x \in y \text{ und } x \in A\}$ eine Menge, da $S(y) \subset y$ ist.

Kapitel 7 Ordinalzahlen

Wir haben im vorigen Kapitel gezeigt, daß zu jeder Wohlordnung $\langle a, r \rangle$ genau ein Ordnungsisomorphismus auf eine transitive Menge b existiert, die durch $\in$ wohlgeordnet ist. Diese transitiven Mengen bilden also ein natürliches Repräsentantensystem für die Isomorphieklassen von Wohlordnungen. — Wir definieren daher (nach von Neumann):

$$x \text{ ist } \textit{Ordinalzahl} : \Longleftrightarrow \begin{cases} x \text{ ist transitiv und} \\ \text{durch } \in \text{ wohlgeordnet.} \end{cases}$$

Wie wir schon am Ende des letzten Kapitels bemerkt haben, ist aufgrund des Fundierungsaxioms „x ist durch $\in$ wohlgeordnet" äquivalent zu „x ist durch $\in$ linear geordnet".

Die Klasse aller Ordinalzahlen bezeichnen wir mit

$$\text{On} := \{ x \mid x \text{ ist Ordinalzahl} \} .$$

Für Ordinalzahlen benutzen wir im folgenden kleine griechische Buchstaben $\alpha, \beta, \gamma, \delta, \ldots$

Für Komprehensionsterme der Gestalt $\{ x \mid x \in \text{On und } \mathscr{E}(x) \}$ schreiben wir im folgenden kürzer $\{ \alpha \mid \mathscr{E}(\alpha) \}$. Dieser Term bezeichnet also die Klasse aller Ordinalzahlen mit der Eigenschaft $\mathscr{E}$.

In Kap. 3 haben wir gezeigt, daß ω transitiv und durch $\in$ wohlgeordnet ist. Also ist $\omega \in \text{On}$. Jede natürliche Zahl n ist nach Kap. 3 transitiv und Teilmenge von ω — und ist daher wiederum durch $\in$ wohlgeordnet. Es ist daher auch $\omega \subset \text{On}$.

(7.1) **Lemma:** *Jedes Element einer Ordinalzahl ist selbst Ordinalzahl, d. h.* On *ist transitiv.*

Beweis: Sei $\alpha \in \text{On}$ und $x \in \alpha$. Dann ist wegen der Transitivität von α auch $x \subset \alpha$. Also wird x durch $\in$ wohlgeordnet. Wir zeigen nun, daß x transitiv ist. Sei $z \in y \in x \in \alpha$. Aus der Transitivität von α ergibt sich sofort $y, z \in \alpha$. Da α durch $\in$ linear geordnet ist, folgt $z \in x$. Also ist $x \in \text{On}$. $\qquad \square$

Die Aussage des Lemmas ist äquivalent zu

(7.2) $\alpha = \{ \beta \mid \beta \in \alpha \}$ *für alle Ordinalzahlen* α.

Wir zeigen nun

(7.3) **Lemma:** *Ist* x *eine transitive Teilmenge einer Ordinalzahl* α, *so ist* x *selbst Ordinalzahl und es ist* $x \in \alpha$ *oder* $x = \alpha$.

Beweis: Ist x eine transitive Teilmenge der Ordinalzahl α, so bedeutet die Transitivität von x gerade, daß x ein $\in$-Segment von $\langle \alpha, \in \rangle$ ist. Für $x \neq \alpha$ ist dieses Segment sogar ein echtes Segment. Mit (6.1) (2) und (7.2) folgt in diesem Falle

$$x = S(\beta) = \{\gamma \mid \gamma \in \beta\} = \beta \qquad \text{für ein } \beta \in \alpha .$$

Also ist $x \in \alpha$ oder $x = \alpha$ für jede transitive Teilmenge $x \subset \alpha$. $\qquad\Box$

Wir definieren

$$< \; := \{\langle x, y \rangle \mid x \in y \text{ und } x, y \in On\} .$$

Dann gilt

$$\alpha < \beta \Longleftrightarrow \alpha \in \beta .$$

Wir schreiben wie üblich

$$\alpha \leqslant \beta :\Longleftrightarrow \alpha < \beta \text{ oder } \alpha = \beta .$$

Aufgrund von (7.3) gilt

$$\alpha \leqslant \beta \Longleftrightarrow \alpha \subset \beta .$$

Wir zeigen nun

(7.4) **Lemma:** On *wird durch* $<$ *wohlgeordnet.*

Beweis: Wir zeigen zuerst, daß On durch $<$ linear geordnet wird. Die Irreflexivität von $<$ ist klar. Die Transitivität von $<$ ergibt sich sofort, da jede Ordinalzahl nach Definition eine transitive Menge ist. Wir zeigen nun die Konnexität von $<$. Seien α und β Ordinalzahlen. Wir setzen $d := \alpha \cap \beta$. Da α und β transitiv sind, ist auch der Durchschnitt d transitiv. Nach (7.3) gilt

$$(d \in \alpha \text{ oder } d = \alpha) \text{ und } (d \in \beta \text{ oder } d = \beta) .$$

Daraus folgt

$$(d \in \alpha \text{ und } d \in \beta) \text{ oder } \beta = d \in \alpha \text{ oder } \alpha = d \in \beta \text{ oder } \alpha = d = \beta .$$

Der erste Fall kann nicht eintreten, da $d \in \alpha$ und $d \in \beta$ auch $d \in \alpha \cap \beta = d$ zur Folge hätte. Also ist $<$ konnex. On ist daher durch $<$ linear geordnet.

Nach dem Fundierungsaxiom hat jede nicht leere Klasse B $\in$-minimale Elemente. Daher hat jede nicht leere Teilklasse $B \subset On$ ein kleinstes Element bezüglich $<$. Weiterhin ist für jedes $\alpha \in On$ das Segment $S(\alpha) = \alpha$ eine Menge. On wird also durch $<$ wohlgeordnet. $\qquad\Box$

On ist eine echte Klasse:

(7.5) $On \notin V$.

Denn wäre $On \in V$, so wäre On eine transitive Menge, die durch $\in$ wohlgeordnet ist. Also wäre $On \in On$.

(7.6)   **Lemma:** *Sei* $A \subset On$ *eine Klasse von Ordinalzahlen. Dann gilt:*

(1)   *Ist* A *transitiv, so ist* $A \in On$ *oder* $A = On.$

(2) $\bigcup A \in On$ *oder* $\bigcup A = On.$

Beweis: Als Klasse von Ordinalzahlen wird A durch $<$ wohlgeordnet. Ist nun A transitiv, so bildet A ein Segment von On. Dann ist aber A = On oder A ist ein echtes Segment von On. Als echtes Segment ist A von der Gestalt $A = S(\alpha) = \alpha$ für eine Ordinalzahl α. Damit ist (1) gezeigt. Die zweite Aussage ergibt sich aus der ersten, wenn wir gezeigt haben, daß für $A \subset On$ immer $\bigcup A$ eine transitive Teilklasse von On ist. Sei $x \in \bigcup A$. Dann ist $x \in \alpha$ für ein $\alpha \in A$. Also ist $x \in On$, und wegen der Transitivität von α folgt $x \subset \alpha \subset \bigcup A$. Daher ist $\bigcup A$ transitiv.   □

Aus (7.5) und (7.6) (2) folgt, daß die Vereinigung über eine Menge von Ordinalzahlen eine Ordinalzahl ist.

Wir haben in Kap. 6 gesehen, wie man aus gegebenen Wohlordnungen durch „Summenbildung" neue gewinnen kann. Insbesondere ergibt die Summe einer Wohlordnung mit einer nur aus einem Element bestehenden Wohlordnung eine neue Wohlordnung, die man als Nachfolger der ersten Wohlordnung bezeichnen könnte. In diesem Zusammenhang haben wir das Beispiel

betrachtet. Aufgrund unserer Ordinalzahldefinition zeigt sich, daß diese Nachfolgerbildung gerade durch die mengentheoretische Nachfolgeroperation $'$ beschrieben wird.

(7.7)   **Lemma:** *Ist* α *eine Ordinalzahl, so ist* $\alpha' = \alpha \cup \{\alpha\}$ *eine Ordinalzahl. –* α' *ist die kleinste Ordinalzahl, die größer als* α *ist.*

Beweis: Da nach (3.5) eine Menge x genau dann transitiv ist, wenn $\bigcup x \subset x$, ergibt sich mit der Transitivität von α:

$$\bigcup \alpha' = \bigcup (\alpha \cup \{\alpha\}) = \bigcup \alpha \cup \bigcup \{\alpha\} = \alpha \subset \alpha' \,.$$

Also ist auch α' transitiv. Aus (7.5) und (7.6) (1) folgt, daß $\alpha' \in On$ ist. Der zweite Teil der Behauptung ergibt sich sofort aus

$$\beta \in \alpha' \Longleftrightarrow \beta \in \alpha \text{ oder } \beta = \alpha \,.$$
□

Die Klasse aller Wohlordnungen zerfällt in zwei disjunkte Teilklassen – nämlich Wohlordnungen mit größtem Element und solchen, die kein größtes Element besitzen. Da mit $\langle a, r \rangle$ auch alle zu $\langle a, r \rangle$ isomorphen Wohlordnungen ein größtes Element besitzen, ist diese Einteilung mit der Isomorphie verträglich. – Besitzt eine Wohlordnung $\langle a, r \rangle$ ein größtes Element x, so heißt das gerade, daß diese Wohlordnung durch „Nachfolgerbildung" aus $\langle \{y \mid y \, r \, x\}, r \rangle$ entsteht. Wir definieren daher für Ordinalzahlen:

α ist *Nachfolger(ordinal)zahl* $: \Longleftrightarrow$ es gibt ein β mit $\alpha = \beta'$.

Besitzt eine Wohlordnung $\langle a, r \rangle$ kein größtes Element, so kann $a = \emptyset$ sein – oder a ist die Vereinigung der Segmente $S(x)$ für $x \in a$. Im Falle der Ordinalzahlen ist jedes Segment $S(\beta) = \beta$. – Besitzt also eine Ordinalzahl α kein größtes Element, so ist $\alpha = \bigcup_{\beta < \alpha} S(\beta) = \bigcup_{\beta < \alpha} \beta = \bigcup \alpha$.

Wir definieren

α ist *Limes(ordinal)zahl* $: \Longleftrightarrow \alpha \neq 0$ und $\bigcup \alpha = \alpha$.

Ist α eine Limesordinalzahl, so schreiben wir dafür kurz $\text{Lim}(\alpha)$. Beispiele für Nachfolgerordinalzahlen sind $\omega' = \omega \cup \{\omega\}$ und alle natürlichen Zahlen verschieden von 0. Ein Beispiel für eine Limesordinalzahl ist ω. Wir wollen uns nun nochmals anhand der Definitionen überlegen, daß jede Ordinalzahl entweder 0, Nachfolgerzahl oder Limesordinalzahl ist.

(7.8)   Lemma: *Jede Ordinalzahl $\alpha \neq 0$ ist entweder Nachfolgerordinalzahl oder Limesordinalzahl.*

Beweis: Keine Ordinalzahl ist gleichzeitig Nachfolgerzahl und Limeszahl, denn $\alpha = \beta'$ impliziert $\bigcup \alpha = \beta \in \alpha$. Ist nun $\alpha \in \text{On}$ beliebig, so folgt aus (7.5) und (7.6) (2) auch $\bigcup \alpha \in \text{On}$. Ist $\bigcup \alpha = \alpha$, so ist $\alpha = 0$ oder α Limeszahl. Anderenfalls ist $\bigcup \alpha \in \alpha$ nach (7.3) – und daher $\bigcup \alpha \cup \{\bigcup \alpha\} = (\bigcup \alpha)' \subset \alpha$. Wäre $(\bigcup \alpha)' \neq \alpha$, so wäre $(\bigcup \alpha)' \in \alpha$ – und somit wäre $\bigcup \alpha \cup \{\bigcup \alpha\} \subset \bigcup \alpha$. Also wäre $\bigcup \alpha \in \bigcup \alpha$. Daher ist $(\bigcup \alpha)' = \alpha$ und α somit Nachfolgerzahl.   □

Wir wollen nun für Ordinalzahlen ein Induktionsprinzip zeigen, das dem Induktionsprinzip (3.8) für natürliche Zahlen ähnlich ist. Man nennt dieses Prinzip auch das Prinzip der *transfiniten Induktion*.

(7.9)   Satz:

(1)   *Ist $A \subset \text{On}$ derart, daß $\alpha \subset A$ immer $\alpha \in A$ impliziert, so ist $A = \text{On}$.*

(2)   *Ist $A \subset \text{On}$ derart, daß*

$0 \in A$
$\alpha \in A \Rightarrow \alpha' \in A$ *für alle* α
$\lambda \subset A \Rightarrow \lambda \in A$ *für alle Limeszahlen* λ,

so ist $A = \text{On}$.

Beweis: Ist $A \neq On$, so gibt es ein kleinstes $\gamma \in On$ mit $\gamma \notin A$. Also gibt es ein γ mit $\gamma \notin A$ und $\gamma \subset A$. Hieraus ergibt sich sofort (1). (2) folgt dann sofort, wenn man bedenkt, daß ein solches γ entweder 0, Nachfolgerzahl oder Limeszahl sein muß.   □

Der Rekursionssatz für Wohlordnungen (6.2) ergibt für On (unter Benutzung von $S(\alpha) = \alpha$):

(7.10)   **Satz:** *Ist* G: $V \times V \to V$ *eine funktionale Klasse, so gibt es genau eine funktionale Klasse* F: $On \to V$ *mit* $F(\alpha) = G(\alpha, F|_\alpha)$.

Man sagt dann, F sei durch *transfinite Rekursion* (bzw. *Induktion*) definiert.

Unter Ausnutzung von (7.8) läßt sich die Definition durch transfinite Rekursion auch so formulieren:

(7.11)   **Satz:** *Sind* G: $V \times V \to V$ *und* H: $V \times V \to V$ *funktionale Klassen und ist* $a \in V$, *so gibt es genau eine funktionale Klasse* F: $On \to V$ *mit*
$$F(0) = a$$
$$F(\alpha') = G(\alpha, F(\alpha))$$
$$F(\lambda) = H(\lambda, F[\lambda]) = H(\lambda, \{F(\alpha) \mid \alpha < \lambda\}) \text{ für Limeszahlen } \lambda.$$

Beweis: Wir definieren für Funktionen f mit Definitionsbereich $\gamma \in On$

$$\widetilde{G}(\gamma, f) = \begin{cases} a, & \text{falls } \gamma = 0 \\ G(\bigcup \gamma, f(\bigcup \gamma)), & \text{falls } \gamma \text{ Nachfolgerordinalzahl} \\ H(\gamma, W(f)), & \text{falls } \gamma \text{ Limesordinalzahl} \end{cases}$$

In allen anderen Fällen setzen wir $\widetilde{G}(x, y) = 0$. Für Nachfolgerordinalzahlen $\gamma = \alpha'$ gilt dann gerade $\bigcup \gamma = \alpha$. Nach (7.10) existiert dann genau eine funktionale Klasse F: $On \to V$ mit

$$F(\alpha) = \widetilde{G}(\alpha, F|_\alpha).$$

Es gilt dann

$$F(0) = \widetilde{G}(0, \emptyset) = a$$
$$F(\alpha') = \widetilde{G}(\alpha', F|_{\alpha'}) = G(\bigcup \alpha', F|_{\alpha'}(\bigcup \alpha')) = G(\alpha, F(\alpha))$$
$$F(\lambda) = \widetilde{G}(\lambda, F|_\lambda) = H(\lambda, W(F|_\lambda)) = H(\lambda, F[\lambda]) \text{ für Limeszahlen } \lambda.$$

Damit erfüllt F die vorgegebenen Bedingungen. Ist andererseits eine funktionale Klasse F_1 mit diesen Bedingungen gegeben, so gilt offenbar

$$F_1(\alpha) = \widetilde{G}(\alpha, F_1|_\alpha).$$

Damit folgt $F = F_1$.   □

Am Ende dieses Kapitels wollen wir noch einige Eigenschaften von Wohlordnungen notieren.

(7.12) **Lemma:** *Eine Wohlordnung ist zu keinem ihrer echten Segmente ordnungsisomorph und besitzt außer der Identität keine Automorphismen, d. h. Isomorphismen auf sich.*

Beweis: Da jede Wohlordnung zu einer Ordinalzahl isomorph ist und ein Isomorphismus Segmente in Segmente überführt, genügt es, dies für Ordinalzahlen zu zeigen. Ein echtes Segment einer Ordinalzahl α ist aber eine Ordinalzahl $\beta < \alpha$. Das Kontraktionslemma (6.3) besagt, daß es zu jedem $\langle \alpha, \in \rangle$ genau ein f und ein β gibt mit f: $\langle \alpha, \in \rangle \overset{\sim}{\leftrightarrow} \langle \beta, \in \rangle$. Also ist $\alpha = \beta$ und $f = \{ \langle \gamma, \gamma \rangle \mid \gamma < \alpha \}$. $\qquad \square$

(7.13) **Korollar:** *Sind zwei Segmente S_1, S_2 einer Wohlordnung ordnungsisomorph, so sind sie gleich.*

Beweis: Nach (6.1) (1) ist $S_1 \subset S_2$ oder $S_2 \subset S_1$. Also ist S_1 Segment von S_2 oder S_2 ist Segment von S_1. Mit (7.12) ergibt sich die Behauptung. $\qquad \square$

Wir schreiben $\langle a_1, r_1 \rangle \leqslant \langle a_2, r_2 \rangle$, falls $\langle a_1, r_1 \rangle$ zu einem Segment von $\langle a_2, r_2 \rangle$ isomorph ist.

(7.14) **Korollar:** *Sind $\langle a_1, r_1 \rangle$ und $\langle a_2, r_2 \rangle$ Wohlordnungen, so implizieren $\langle a_1, r_1 \rangle \leqslant \langle a_2, r_2 \rangle$ und $\langle a_2, r_2 \rangle \leqslant \langle a_1, r_1 \rangle$, daß $\langle a_1, r_1 \rangle$ zu $\langle a_2, r_2 \rangle$ isomorph ist.*

Beweis: Dies folgt sofort aus (7.12). $\qquad \square$

(7.15) **Lemma:** *Sind $\langle a_1, r_1 \rangle$ und $\langle a_2, r_2 \rangle$ Wohlordnungen, so gilt $\langle a_1, r_1 \rangle \leqslant \langle a_2, r_2 \rangle$ oder $\langle a_2, r_2 \rangle \leqslant \langle a_1, r_1 \rangle$.*

Beweis: Sei f: $\langle a_1, r_1 \rangle \overset{\sim}{\leftrightarrow} \langle \alpha, \in \rangle$ und g: $\langle a_2, r_2 \rangle \overset{\sim}{\leftrightarrow} \langle \beta, \in \rangle$; dann ist $\alpha \in \beta$ oder $\alpha = \beta$ oder $\beta \in \alpha$. Ist $\alpha = \beta$, so sind $\langle a_1, r_1 \rangle$ und $\langle a_2, r_2 \rangle$ isomorph. Im Falle $\alpha \in \beta$ ist $\langle a_1, r_1 \rangle$ zu dem Segment α in β isomorph. Da aber Isomorphismen Segmente in Segmente abbilden, ist dann $\langle a_1, r_1 \rangle$ zu einem Segment von $\langle a_2, r_2 \rangle$ isomorph. Ebenso ist im Falle $\beta \in \alpha$ dann $\langle a_2, r_2 \rangle$ zu einem Segment von $\langle a_1, r_1 \rangle$ isomorph. $\qquad \square$

Kapitel 8 Ordinalzahlarithmetik und von Neumannsche Stufen

Wir wollen als erstes die Addition und Multiplikation für Ordinalzahlen erklären. Diese Operationen werden auf den natürlichen Zahlen gerade mit den dort schon früher definierten Operationen übereinstimmen. Addition und Multiplikation von Ordinalzahlen lassen sich durch transfinite Rekursion definieren. Wir wollen aber lieber eine Definition wählen, die auf die Summen- und Produktbildung von Wohlordnungen direkt Bezug nimmt. Wir werden danach zeigen, daß die so eingeführten Operationen den zu erwartenden Rekursionsgleichungen genügen. Hierdurch sind dann die Operationen eindeutig charakterisiert.

Die Summe zweier Ordinalzahlen α und β (die Reihenfolge ist wichtig!) ist die zur Summe der Wohlordnungen $\langle \alpha, \in \rangle$ und $\langle \beta, \in \rangle$ gehörige Ordinalzahl. Um diese Summe überhaupt bilden zu können, müssen α und β disjunkt gemacht werden.

Wir bezeichnen im folgenden die zu einer Wohlordnung $\langle a, r \rangle$ isomorphe Ordinalzahl mit $|\langle a, r \rangle|$. Wir definieren die *Summe* von α und β durch

$$\alpha + \beta := |\langle (\alpha \times \{0\}) \cup (\beta \times \{1\}), E_{\alpha, \beta} \rangle|$$

mit

$$\langle \gamma, i \rangle \, E \, \langle \delta, j \rangle : \Longleftrightarrow i < j \quad \text{oder} \quad (i = j \text{ und } \gamma < \delta)$$

für $i, j \in \{0, 1\}$ und $\gamma, \delta \in \text{On}$ und

$$E_{\alpha, \beta} := E \cap (((\alpha \times \{0\}) \cup (\beta \times \{1\})) \times ((\alpha \times \{0\}) \cup (\beta \times \{1\}))) \, .$$

Das *Produkt* von α und β ist definiert durch

$$\alpha \cdot \beta = |\langle \alpha \times \beta, R_{\alpha, \beta} \rangle|$$
$$= |\text{Produkt der Wohlordnungen } \alpha \text{ und } \beta|$$

mit

$$\langle \gamma, \nu \rangle \, R \, \langle \delta, \mu \rangle : \Longleftrightarrow \nu < \mu \quad \text{oder} \quad (\nu = \mu \text{ und } \gamma < \delta)$$

für $\gamma, \delta, \nu, \mu \in \text{On}$ und

$$R_{\alpha, \beta} := R \cap ((\alpha \times \beta) \times (\alpha \times \beta)) \, .$$

Für die Addition von Ordinalzahlen gilt

(8.1) **Satz:**

(1) $\alpha + 0 = \alpha, \; 0 + \alpha = \alpha$

(2) $\alpha + 1 = \alpha'$

(3) $\alpha + (\beta + 1) = (\alpha + \beta) + 1$

(4) $\gamma < \delta \;\Rightarrow\; \alpha + \gamma < \alpha + \delta$

(5) $\text{Lim}(\lambda) \;\Rightarrow\; \alpha + \lambda = \bigcup_{\nu < \lambda} (\alpha + \nu) \, .$

Beweis:

(1) $\alpha + 0 = |\langle \alpha \times \{0\} \cup \emptyset, E_{\alpha, 0} \rangle|$. Da aber $\langle \alpha \times \{0\}, E_{\alpha, 0} \rangle$ isomorph zu $\langle \alpha, \in \rangle$ ist, folgt $\alpha + 0 = \alpha$. Analog ergibt sich $0 + \alpha = \alpha$.

(2) $\alpha + 1 = |\langle a, r \rangle|$, wobei $a = (\alpha \times \{0\}) \cup \{\langle 0, 1 \rangle\}$ und $r = E_{\alpha, 1}$ sind. Nach dem Kontraktionslemma existieren $\beta \in On$ und $f: \langle a, r \rangle \overset{\sim}{\longleftrightarrow} \langle \beta, \in \rangle$ mit $f(y) = \{f(x) \mid x\,r\,y\}$ für $y \in a$. Insbesondere gilt dann $f(\gamma, 0) = \{f(\delta, 0) \mid \delta < \gamma\}$ für $\gamma \in \alpha$. Daraus ergibt sich sofort durch transfinite Induktion $f(\gamma, 0) = \gamma$. Wegen

$$f(0, 1) = \{f(\gamma, 0) \mid \gamma \in \alpha\} = \{\gamma \mid \gamma \in \alpha\} = \alpha$$

erhalten wir schließlich $\alpha + 1 = \beta = \alpha'$.

(3) Mit (2) genügt es $\alpha + \beta' = (\alpha + \beta)'$ zu zeigen. Es ist aber

$$f[(\alpha \times \{0\}) \cup (\beta' \times \{1\})] = (\alpha + \beta) \cup \{\alpha + \beta\} = (\alpha + \beta)'.$$

(4) $f(\gamma, 1) = \{f(x) \mid x\,E_{\alpha, \delta}\,\langle \gamma, 1 \rangle\} = f[(\alpha \times \{0\}) \cup (\gamma \times \{1\})] = \alpha + \gamma$ für $\gamma \in \delta$. Also gilt $\alpha + \gamma = f(\gamma, 1) \in f[(\alpha \times \{0\}) \cup (\delta \times \{1\})] = \alpha + \delta$ für $\gamma \in \delta$.

(5) Aus (4) ergibt sich: $\nu < \lambda \Rightarrow \alpha + \nu \subset \alpha + \lambda$. Also gilt $\bigcup\limits_{\nu < \lambda} (\alpha + \nu) \subset \alpha + \lambda$. Sei umgekehrt $f(\gamma, i) \in \alpha + \lambda$: Für $i = 0$ und $\gamma \in \alpha$ gilt $f(\gamma, i) = \gamma \in \alpha = \alpha + 0$. Für $i = 1$ und $\gamma \in \lambda$ ergibt sich $f(\gamma, 1) = \alpha + \gamma \in (\alpha + \gamma)' = (\alpha + \gamma) + 1 = \alpha + (\gamma + 1)$. Daher ist $f(\gamma, i) \in \bigcup\limits_{\nu < \lambda} (\alpha + \nu)$ und somit ist auch $\alpha + \lambda \subset \bigcup\limits_{\nu < \lambda} (\alpha + \nu)$.   □

Aus diesem Satz folgt, daß die funktionale Klasse

$$F_\alpha: On \to On \quad \text{mit} \quad F_\alpha(\beta) := \alpha + \beta$$

den folgenden Rekursionsbedingungen genügt:

$$F_\alpha(0) = \alpha$$
$$F_\alpha(\beta') = F_\alpha(\beta)'$$
$$F_\alpha(\lambda) = \bigcup\limits_{\nu < \lambda} F_\alpha(\nu) \qquad \text{für Limeszahlen } \lambda$$

Hierdurch ist F_α nach Satz (7.11) eindeutig bestimmt. Für die Addition gelten folgende Gesetzmäßigkeiten, deren Beweise wir nur andeuten:

(8.2)   Lemma: *Für $\alpha, \beta, \gamma \in On$ gilt:*

(1) $\alpha + (\beta + \gamma) = (\alpha + \beta) + \gamma$ *(Assoziativität)*

(2) $\alpha + \beta = \alpha + \gamma \;\Rightarrow\; \beta = \gamma$ *(Linkskürzungsregel)*

(3) $\gamma \leqslant \delta \;\Rightarrow\; \gamma + \alpha \leqslant \delta + \alpha$

(4)   *Ist $\alpha \leqslant \beta$, so gibt es genau ein κ mit $\alpha + \kappa = \beta$.*

Man beachte, daß die Rechtskürzungsregel allgemein nicht richtig ist:
$0 + \omega = \omega = 1 + \omega$ und $0 \neq 1$! Auch kann in (3) keine strikte Monotonie gelten:
$0 < 1$ und $0 + \omega = 1 + \omega$!

Beweis:

(1)   folgt durch transfinite Induktion über γ. Für $\gamma = 0$ und im Nachfolger-
          schritt ergibt sich die Behauptung aus (8.1) (1) und (8.1) (3). Für den
          Limeszahlschritt überlegt man sich leicht, daß immer

$$\bigcup_{\nu < \lambda} (\alpha + (\beta + \nu)) = \alpha + \bigcup_{\nu < \lambda} (\beta + \nu)$$

          gilt.

(2)   ergibt sich aus (8.1) (4). − Die restlichen Behauptungen ergeben sich
          wiederum durch transfinite Induktion.   □

Wir beweisen nun eine oft benutzte Darstellbarkeit von Ordinalzahlen.

(8.3)   **Satz:** *Jede Ordinalzahl α ist eindeutig darstellbar in der Form $\alpha = \lambda + n$,*
          wobei $\lambda = 0$ oder λ Limeszahl, und n eine natürliche Zahl ist.

Beweis: Wir zeigen zuerst durch transfinite Induktion, daß jedes α mindestens
eine Darstellung dieser Art besitzt.

(a) $\alpha = 0$: Dann ist $\alpha = 0 + 0$.

(b) $\alpha = \beta'$ und β besitze eine Darstellung $\beta = \lambda + n$. Dann ist
          $\alpha = \beta' = (\lambda + n)' = \lambda + n' = \lambda + (n + 1)$.

(c) $\alpha = \lambda$ und λ Limeszahl. Dann ist $\alpha = \lambda + 0$.

Damit ist die Existenz einer solchen Darstellung gezeigt. Um die Eindeutigkeit zu
zeigen, bemerken wir zunächst:

Ist λ eine Limeszahl und ist $\beta < \lambda$, so ist $\beta + n < \lambda$ für alle $n \in \omega$.

Dies zeigen wir durch Induktion über n. Für $n = 0$ ist die Behauptung richtig.
Wir nehmen nun an, daß die Behauptung für n richtig ist und zeigen sie für n'.
Es ist also $\beta + n' = (\beta + n)' \leqslant \lambda$. Gleichheit kann aber nicht gelten, da keine Limes-
zahl zugleich Nachfolgerzahl ist. Also ist $\beta + n' < \lambda$. Damit ist die Behauptung
gezeigt. Hieraus ergibt sich die Eindeutigkeit wie folgt:
Sei $\alpha = \lambda_1 + n_1 = \lambda_2 + n_2$. Wäre $\lambda_1 \neq \lambda_2$ − und sagen wir $\lambda_1 < \lambda_2$, so wäre
$\lambda_1 + n_1 < \lambda_2 \leqslant \lambda_2 + n_2$. Also ist $\lambda_1 = \lambda_2$. Mit (8.2) (2) folgt dann auch $n_1 = n_2$.   □

Eine analoge Behandlung der Multiplikation von Ordinalzahlen führt zu folgenden
Gesetzmäßigkeiten, die wir hier ohne Beweis notieren:

(1) $\alpha \cdot 0 = 0 \cdot \alpha = 0$

(2) $\alpha \cdot 1 = 1 \cdot \alpha = \alpha$

(3) $\alpha \cdot (\beta \cdot \gamma) = (\alpha \cdot \beta) \cdot \gamma$

(4) $\gamma < \delta$ und $\alpha \neq 0 \Rightarrow \alpha \cdot \gamma < \alpha \cdot \delta$

(5) $\gamma \leqslant \delta \;\Rightarrow\; \gamma \cdot \alpha \leqslant \delta \cdot \alpha$

(6) $\alpha \cdot (\beta + \gamma) = \alpha \cdot \beta + \alpha \cdot \gamma$

(7) $\alpha \cdot \beta = \alpha \cdot \gamma$ und $\alpha \neq 0 \;\Rightarrow\; \beta = \gamma$

(8) $\mathrm{Lim}\,(\lambda) \;\Rightarrow\; \alpha \cdot \lambda = \bigcup_{\nu < \lambda} (\alpha \cdot \nu)$.

Daraus erhält man für die funktionale Klasse $G_\alpha(\beta) := \alpha \cdot \beta$ die folgenden Rekursionsgleichungen

$$G_\alpha(0) = 0$$

$$G_\alpha(\beta') = G_\alpha(\beta) + \alpha$$

$$G_\alpha(\lambda) = \bigcup_{\nu < \lambda} G_\alpha(\nu) \qquad \text{für Limeszahlen } \lambda .$$

Die Multiplikation von Ordinalzahlen ist (wie die Addition) im allgemeinen nicht kommutativ, denn z.B. gilt

$$2 \cdot \omega = \omega \quad \text{und} \quad \omega \cdot 2 = \omega + \omega > \omega .$$

Die Beispiele

$$(1 + 1) \cdot \omega = 2 \cdot \omega = \omega < \omega + \omega = 1 \cdot \omega + 1 \cdot \omega$$
$$1 \cdot \omega = 2 \cdot \omega$$

zeigen, daß ein (6) entsprechendes Rechtsdistributivgesetz und eine (7) entsprechende Rechtskürzungsregel im allgemeinen nicht gelten.

Wir wollen nun zeigen, daß die Klasse aller Mengen V mit Hilfe der Ordinalzahlen durch transfinite Iteration der Potenzmengen- und Vereinigungsmengenbildung aus der leeren Menge aufgebaut werden kann. Dazu setzen wir in (7.11) für $x_1, x_2 \in V$:

$$a := \emptyset$$

$$G(x_1, x_2) := P(x_2)$$

$$H(x_1, x_2) := \bigcup x_2 .$$

Dann existiert genau eine funktionale Klasse $F: \mathrm{On} \to V$ mit

$$F(0) = \emptyset$$

$$F(\alpha') = G(\alpha, F(\alpha)) = P(F(\alpha))$$

$$F(\lambda) = H(\lambda, \{F(\nu) \mid \nu < \lambda\}) = \bigcup_{\nu < \lambda} F(\nu), \text{ falls } \lambda \text{ Limeszahl.}$$

Wir schreiben $V_\alpha := F(\alpha)$. Dann gilt

$$V_0 = \emptyset$$

$$V_{\alpha+1} = P(V_\alpha)$$

$$V_\lambda = \bigcup V_\nu, \text{ falls } \lambda \text{ Limeszahl.}$$

Die Mengen V_α bezeichnet man als die *von Neumannschen Stufen*. Die ersten vier V_α sind:

$$V_0 = \emptyset = 0$$
$$V_1 = \{\emptyset\} = 1$$
$$V_2 = \{\emptyset, \{\emptyset\}\} = 2$$
$$V_3 = \{\emptyset, \{\emptyset\}, \{\{\emptyset\}\}, \{\emptyset, \{\emptyset\}\}\} = \{0, 1, 2, \{\{\emptyset\}\}\} \neq 3 .$$

Wir zeigen zuerst

(8.4)   Lemma:

(1) *Jedes V_α ist transitiv*

(2) $\alpha \leqslant \beta \Rightarrow V_\alpha \subset V_\beta$.

Beweis:

(1)   beweisen wir durch transfinite Induktion über α:

  (a) $V_0 = \emptyset$ ist transitiv,

  (b) V_α sei transitiv, und es sei $y \in x \in V_{\alpha+1} = P(V_\alpha)$. Dann ist $y \in x \subset V_\alpha$. Nach der Voraussetzung über α ist dann $y \subset V_\alpha$ — und daher $y \in V_{\alpha+1}$.

  (c)   Sei λ Limeszahl, und es sei V_ν transitiv für $\nu < \lambda$. Dann ist V_λ Vereinigung transitiver Mengen — und ist damit selbst transitiv.

(2)   beweisen wir durch Induktion über β:

  (a)   Ist $\beta = 0$, so ist die Behauptung klar.

  (b)   Für $\alpha \leqslant \beta$ gelte $V_\alpha \subset V_\beta$. Ist $\alpha \leqslant \beta'$, so ist $\alpha \leqslant \beta$ oder $\alpha = \beta'$. Es folgt dann $V_\alpha \subset V_\beta$ oder $V_\alpha = V_{\beta+1}$. Da $V_\beta \in V_{\beta+1}$, ergibt (1) auch $V_\beta \subset V_{\beta+1}$ und damit $V_\alpha \subset V_{\beta'}$.

  (c)   Sei λ Limeszahl. Da $V_\lambda = \bigcup_{\nu < \lambda} V_\nu$ ist, folgt für $\alpha \leqslant \lambda$ sofort $V_\alpha \subset V_\lambda$. $\square$

Nun zeigen wir, daß jede Menge in einem V_α vorkommt.

(8.5)   Satz: $V = \bigcup_{\alpha \in On} V_\alpha$.

Beweis: Setze $A := V \setminus \bigcup_{\alpha \in On} V_\alpha$. Ist $A \neq \emptyset$, so gibt es aufgrund des Fundierungsaxioms ein $x \in A$ mit $x \cap A = \emptyset$. Das heißt aber $x \subset \bigcup_{\alpha \in On} V_\alpha$ und für kein α ist $x \in V_\alpha$. Also gibt es zu jedem $y \in x$ ein $\alpha \in On$ mit $y \in V_\alpha$. Wir definieren eine funktionale Klasse $H = \{\langle y, \alpha \rangle \mid y \in x$ und α ist die kleinste Ordinalzahl mit $y \in V_\alpha\}$. Aus dem Ersetzungsaxiom folgt $H[x] \in V$. — Da aber $H[x] \subset On$ ist, folgt daraus mit (7.6) (2) und (7.5) auch $\bigcup H[x] \in On$. Sei $\gamma := \bigcup H[x]$. Dann gilt für $y \in x$ immer $H(y) \leqslant \gamma$, d.h. $y \in V_{H(y)} \subset V_\gamma$. Damit ist aber $x \subset V_\gamma$ — und daher $x \in V_{\gamma+1}$ — im Widerspruch zu $x \in A$. Also ist $A = \emptyset$ — und somit $V = \bigcup\limits_{\alpha \in On} V_\alpha$.

(8.6) **Lemma:** *Es gilt*

$\qquad$ (1) $x \in V_\alpha \Rightarrow \bigcup x \in V_\alpha$

$\qquad$ (2) $y \subset x \in V_\alpha \Rightarrow y \in V_\alpha$

$\qquad$ (3) $V_\alpha \cap On = \alpha$.

Beweis: (1) und (2) zeigt man leicht durch transfinite Induktion über α. Wir zeigen (3) — ebenfalls durch transfinite Induktion über α:

(a)$\qquad$Für $\alpha = 0$ ist die Behauptung klar.

(b)$\qquad$Sei nun $V_\alpha \cap On = \alpha$. Dann gilt

$$\begin{aligned}
\beta \in V_{\alpha+1} &\iff \beta \subset V_\alpha \\
&\iff \beta \subset V_\alpha \cap On = \alpha \\
&\iff \beta \leqslant \alpha .
\end{aligned}$$

$\qquad$ Also ist $V_{\alpha+1} \cap On = \{\beta \mid \beta \leqslant \alpha\} = \alpha + 1$.

(c)$\qquad$Sei λ Limeszahl und es sei $V_\nu \cap On = \nu$ für alle $\nu < \lambda$. Dann gilt

$$V_\lambda \cap On = (\bigcup_{\nu < \lambda} V_\nu) \cap On = \bigcup_{\nu < \lambda} (V_\nu \cap On) = \bigcup_{\nu < \lambda} \nu = \lambda .\qquad\qquad \square$$

Es läßt sich jeder Menge x eine Ordinalzahl zuordnen, die man als den *Rang* der Menge bezeichnet:

$$Rg(x) := \text{kleinstes } \alpha \text{ mit } x \subset V_\alpha .$$

Da es zu jedem $x \in V$ ein α mit $x \in V_\alpha$ gibt, folgt aus der Transitivität der V_α, daß es auch immer ein α mit $x \subset V_\alpha$ gibt. Also ist

$$Rg: V \to On .$$

Rg hat folgende Eigenschaften:

(8.7)$\qquad$(1) $x \subset y \Rightarrow Rg(x) \leqslant Rg(y)$

$\qquad\qquad$(2) $x \in y \Rightarrow Rg(x) < Rg(y)$

$\qquad\qquad$(3) $Rg(\alpha) = \alpha = Rg(V_\alpha)$

$\qquad\qquad$(4) $V_\alpha = \{x \mid Rg(x) < \alpha\}$.

Beweis: (1) und (2) sind leicht nachzuweisen. (3) folgt aus (8.6) (3). Die folgenden Äquivalenzen liefern (4):

$$\begin{aligned}
Rg(x) < \alpha &\iff x \subset V_\beta \text{ für ein } \beta < \alpha \\
&\iff x \in V_{\beta+1} \text{ für ein } \beta < \alpha \\
&\iff x \in V_\alpha .\qquad\qquad\qquad\qquad\qquad \square
\end{aligned}$$

Schließlich zeigen wir noch den

(8.8)   **Satz:** A *ist eine echte Klasse genau dann, wenn es zu jeder Ordinalzahl* α
            ein $x \in A$ *mit* $\operatorname{Rg}(x) \geqslant \alpha$ *gibt.*

Beweis: Ist $A \in V$, so ist $\operatorname{Rg}(A) \in \operatorname{On}$ und für alle $x \in A$ ist nach (8.7) (2)
immer $\operatorname{Rg}(x) < \operatorname{Rg}(A)$. Ist umgekehrt $A \notin V$, so gibt es kein $\alpha \in \operatorname{On}$ mit
$A \subset V_\alpha \in V$. Also gibt es zu jedem α ein $x \in A$ mit $x \notin V_\alpha$. Das heißt aber
nach (8.7) (4), daß es zu jedem α ein $x \in A$ gibt mit $\operatorname{Rg}(x) \geqslant \alpha$.   □

Aufgrund des Bewiesenen läßt sich nun folgendes Bild für die Allklasse V zeichnen:

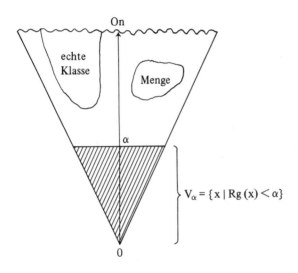

Kapitel 9 Das Auswahlaxiom

In Kap. 2 haben wir das Auswahlaxiom formuliert:

(M7) *Jedes direkte Produkt von nicht leeren Mengen ist nicht leer.*

Wir haben schon gezeigt, daß das Auswahlaxiom zu folgenden Aussagen (auf der Basis der restlichen Axiome) äquivalent ist:

(2.5) *Ist* x *eine Menge nicht leerer Mengen, so gibt es für* x *eine Auswahlfunktion, d. h. eine Funktion* $f: x \to \bigcup x$ *mit* $f(y) \in y$ *für alle* $y \in x$.

(2.6) *Jede Äquivalenzrelation besitzt ein Repräsentantensystem.*

Wir wollen nun zeigen, daß das Auswahlaxiom zum *Wohlordnungsprinzip* äquivalent ist. Das Wohlordnungsprinzip besagt, daß sich jede Menge wohlordnen läßt, d. h. zu jeder Menge a gibt es eine Relation r, so daß $\langle a, r \rangle$ eine Wohlordnung ist. — Da jede Wohlordnung zu einer Ordinalzahl isomorph ist, folgt aus dem Wohlordnungsprinzip:

> *Jede Menge läßt sich bijektiv auf eine Ordinalzahl abbilden.*

Ist umgekehrt eine Bijektion f einer Menge a auf eine Ordinalzahl α gegeben, so ist a durch r wohlgeordnet, wobei

$$x \, r \, y : \Longleftrightarrow f(x) < f(y) \, .$$

(9.1) **Satz:** *Das Auswahlaxiom und das Wohlordnungsprinzip sind äquivalent.*

Diese Äquivalenz ist natürlich auf der Basis der restlichen Axiome gemeint. Wie wir schon am Ende von Kap. 2 ankündigten, haben wir bisher keinen Gebrauch von dem Auswahlaxiom gemacht.

Beweis: Wir zeigen zuerst, daß die zum Auswahlaxiom äquivalente Aussage (2.5) das Wohlordnungsprinzip impliziert. — Sei also $a \neq \emptyset$ gegeben. Mit Hilfe von (2.5) zeigen wir die Existenz einer Bijektion von einer Ordinalzahl α auf a. Nach (2.5) existiert eine Auswahlfunktion f für die Menge $P(a) \setminus \{\emptyset\}$. Wir definieren durch transfinite Induktion (7.10) eine funktionale Klasse $\Gamma: On \to V$ mit

$$F(\alpha) = G(\alpha, F|_\alpha) = \begin{cases} f(a \setminus \{F(\nu) \mid \nu < \alpha\}), & \text{falls } a \setminus \{F(\nu) \mid \nu < \alpha\} \neq \emptyset \\ a & \text{sonst.} \end{cases}$$

d. h.

$$G = \{\langle \langle x_1, x_2 \rangle, f(a \setminus W(x_2)) \rangle \mid a \setminus W(x_2) \neq \emptyset \}$$
$$\cup \{\langle \langle x_1, x_2 \rangle, a \rangle \mid a \setminus W(x_2) = \emptyset \} \, .$$

Der Wert a kann für α nur im Falle $a \setminus \{F(\nu) \mid \nu < \alpha\} = \emptyset$ auftreten, da sonst immer ein Element aus a durch f ausgewählt wird.

Ist $a \notin \{F(\nu) \mid \nu < \alpha\}$, so ist $F|_\alpha$ injektiv. Denn es ist dann $F(\gamma) = f(a \setminus \{F(\nu) \mid \nu < \gamma\}) \in a \setminus \{F(\nu) \mid \nu < \gamma\}$ für alle $\gamma < \alpha$ – und somit ist $F(\delta) \neq F(\gamma)$ für $\delta < \gamma < \alpha$.

Wäre nun $a \notin F[\mathrm{On}]$, so wäre F injektiv. Dann wäre nach dem Ersetzungsaxiom $F^{-1}[a] = \mathrm{On}$ eine Menge. Das ist jedoch falsch. Also gibt es ein $\alpha \in \mathrm{On}$ mit $F(\alpha) = a$. Es gibt dann auch ein kleinstes α mit $F(\alpha) = a$. Für ein solches α ist aber $F[\alpha] = a$. Somit ist $F|_\alpha$ eine Bijektion von α auf a. Also läßt sich a wohlordnen.

Wir zeigen nun, daß aus dem Wohlordnungsprinzip die Aussage (2.6) folgt. Sei also q eine Äquivalenzrelation in einer Menge a. Aufgrund des Wohlordnungsprinzips existiert eine Wohlordnung r von a. In jeder Äquivalenzklasse $z \in a/q$ gibt es ein eindeutig bestimmtes r-kleinstes Element. Sei S die Menge aller dieser bezüglich r kleinsten Elemente aus den einzelnen Äquivalenzklassen von q. Dann ist S ein Repräsentantensystem der Äquivalenzrelation q. Da $S \subset a$ gilt, ist S eine Menge.   □

Wir haben also gezeigt, daß wir in unserer Axiomatik der Mengenlehre das Auswahlaxiom durch das Wohlordnungsprinzip ersetzen können.

Wir wollen nun eine weitere Form des Auswahlaxioms angeben, die in vielen mathematischen Beweisen benutzt wird. Dazu definieren wir zunächst: $\langle a, r \rangle$ ist eine *partielle Ordnung*, falls $r \subset a \times a$ und r irreflexiv und transitiv ist.

Ist $\langle a, r \rangle$ eine partielle Ordnung, so ist eine Teilmenge $b \subset a$ eine r-*Kette*, falls für alle $x, y \in b$ entweder $x r y$ oder $x = y$ oder $y r x$ gilt, d.h. b ist eine r-Kette genau dann, wenn $\langle b, r \cap (b \times b) \rangle$ eine lineare Ordnung ist. – Ein Element $z \in a$ ist eine *obere r-Schranke* für eine Teilmenge $b \subset a$, falls für alle $x \in b$ immer $x r z$ oder $x = z$ gilt. z ist ein r-*maximales Element von* a, falls $z \in a$ ist und es kein $x \in a$ mit $z r x$ gibt. Die folgende Aussage wird als das *Zornsche Lemma* bezeichnet:

> *Jede partielle Ordnung $\langle a, r \rangle$, in der jede r-Kette eine obere r-Schranke besitzt, hat mindestens ein r-maximales Element.*

Da die leere Menge eine Kette in jeder partiellen Ordnung $\langle a, r \rangle$ ist, beinhaltet die Voraussetzung des Zornschen Lemmas insbesondere, daß a nicht leer ist. Es gilt

(9.2)   **Satz:** *Das Auswahlaxiom und das Zornsche Lemma sind äquivalent.*

Beweis: Wir zeigen zuerst, daß aus (2.5) das Zornsche Lemma folgt.

Sei $\langle a, r \rangle$ eine partielle Ordnung, in der jede r-Kette eine obere r-Schranke besitzt. Nach (2.5) existiert eine Auswahlfunktion f für $P(a) \setminus \{\emptyset\}$. Durch transfinite Induktion definieren wir

$$F(\alpha) = \begin{cases} f(b), & \text{falls } b = \left\{ z \;\middle|\; \begin{array}{l} z \text{ obere Schranke von} \\ F[\alpha] \text{ und } z \notin F[\alpha] \end{array} \right\} \neq \emptyset \\ a & \text{sonst.} \end{cases}$$

Durch Induktion über α zeigt man leicht die folgende Aussage:

$$a \notin F[\alpha] \;\Rightarrow\; F(\mu) \, r \, F(\nu) \qquad \text{für alle } \mu < \nu < \alpha \,.$$

Also ist für $a \notin F[\alpha]$ die Menge $F[\alpha]$ eine r-Kette und die Funktion $F|_\alpha$ injektiv. Daraus folgt wie im Beweis von (9.1), daß es ein α mit $F(\alpha) = a$ geben muß. Sei α minimal mit $F(\alpha) = a$. Dann ist $F[\alpha]$ eine r-Kette, die nach Voraussetzung eine obere r-Schranke z besitzt. z ist r-maximal, da es sonst ein $x \in a$ mit $F(\nu) \, rx$ für alle $\nu < \alpha$ gäbe. Dann wäre aber $F(\alpha) \neq a$.

Wir zeigen nun, daß das Zornsche Lemma (2.6) impliziert. Sei q eine Äquivalenzrelation in einer Menge a. Wir bilden die Klasse C, bestehend aus allen Teilmengen $s \subset a$, die mit jeder Äquivalenzklasse $z \in a/q$ höchstens ein Element gemeinsam haben. C ist eine Menge, die durch die echte Inklusion partiell geordnet ist:

$$s_1 \, r \, s_2 : \Longleftrightarrow s_1 \subset s_2 \quad \text{und} \quad s_1 \neq s_2 \,.$$

Jede r-Kette b in $\langle C, r \rangle$ besitzt die obere Schranke $\bigcup b$. Also erfüllt $\langle C, r \rangle$ die Voraussetzungen des Zornschen Lemmas. Es gibt daher ein r-maximales Element s in C. Ein solches Element ist aber ein Repräsentantensystem von q. Denn sonst gäbe es eine Äquivalenzklasse $[w]_q$ mit $[w]_q \cap s = \emptyset$. Dann wäre aber $s \cup \{w\} \in C$ und $s \, r \, (s \cup \{w\})$. Das widerspräche aber der Maximalität von s. $\square$

Mit Hilfe des Auswahlaxioms zeigen wir nun

(9.3) **Lemma:** *Eine lineare Ordnung $\langle a, r \rangle$ ist eine Wohlordnung genau dann, wenn es keine unendlich absteigende Folge $\langle x_n \rangle_{n \in \omega}$ mit $x_{n+1} \, r \, x_n$ für $n \in \omega$ gibt.*

Beweis: Die Notwendigkeit dieser Bedingung ist klar, denn anderenfalls hätte $\{x_n \mid n \in \omega\}$ kein r-minimales Element.

Ist andererseits $\langle a, r \rangle$ keine Wohlordnung, so gibt es eine nicht leere Teilmenge $b \subset a$, die kein r-minimales Element besitzt. Sei f eine Auswahlfunktion für $P(b) \setminus \{\emptyset\}$. Wir definieren durch Rekursion

$$h(0) = f(b)$$
$$h(n+1) = f(b \cap \{x \mid x \, r \, h(n)\}) \,.$$

Man beachte, daß $b \cap \{x \mid x \, r \, h(n)\}$ nicht leer ist, da sonst $h(n)$ minimal in b wäre. Offensichtlich gilt dann für $x_n := h(n)$ immer $x_{n+1} \, r \, x_n$ — und somit existiert eine unendlich absteigende Folge in a. $\square$

Eine Menge a heißt *endlich*, falls sich a bijektiv auf eine natürliche Zahl abbilden läßt, d.h. es gibt ein f und ein $n \in \omega$ mit $f: a \leftrightarrow n$. — Die natürlichen Zahlen nennt man auch *endliche Ordinalzahlen*.

Wir zeigen zuerst, daß jede injektive Abbildung einer endlichen Menge in sich schon bijektiv ist. Anschließend werden wir dann mit Hilfe des Auswahlaxioms zeigen, daß diese Eigenschaft genau die endlichen Mengen charakterisiert (Dedekindsche Definition der endlichen Mengen von 1888).

(9.4) **Lemma**: *Ist eine Menge* a *endlich, so ist jede injektive Funktion* f: a → a *auch surjektiv – und somit bijektiv.*

Beweis: Da nach Definition sich jede endliche Menge bijektiv auf eine natürliche Zahl abbilden läßt, genügt es, die Behauptung für natürliche Zahlen zu beweisen. Wir zeigen durch Induktion über n, daß jedes injektive f: n → n schon surjektiv ist.

(a)   Für n = 0 ist die Behauptung trivial.

(b)   Die Behauptung sei für n richtig. Wir zeigen zuerst, daß dann die Behauptung für alle injektiven f: n + 1 → n + 1 mit der zusätzlichen Eigenschaft $n \notin f[n] = \{f(i) \mid i < n\}$ richtig ist. Sei also f: n + 1 → n + 1 injektiv mit $n \notin f[n]$ gegeben. Dann ist aber $f|_n$ eine Injektion von n nach n, und somit nach Induktionsvoraussetzung surjektiv. Aufgrund der Injektivität von f folgt, daß f(n) = n ist. Also ist f surjektiv. Sei nun f: n + 1 → n + 1 injektiv mit $n \in f[n]$. Dann ist f(*l*) = n für ein *l* < n und f(n) < n. Durch Austausch der Werte an den Stellen *l* und n erhalten wir eine injektive Funktion von n + 1 nach n + 1:

$$g := (f \setminus \{\langle l, n \rangle, \langle n, f(n) \rangle\}) \cup \{\langle l, f(n) \rangle, \langle n, n \rangle\}$$

mit $n \notin g[n]$. Nach dem zuerst Bewiesenen ist g surjektiv, und damit ist auch f surjektiv.   □

(9.5) **Lemma**: *Eine Menge* a *ist unendlich (d. h. nicht endlich) genau dann, wenn es eine Injektion von* ω *in* a *gibt.*

Beweis: Aufgrund des Auswahlaxioms gibt es eine Bijektion f der Menge a auf eine Ordinalzahl α. Ist a unendlich, so ist α ⩾ ω. Also ist $f^{-1}|_\omega$ eine Injektion von ω in a. Existiert andererseits eine Injektion g: ω → a und wäre a endlich, so gäbe es eine Injektion h von ω in eine natürliche Zahl n. Dann wäre aber $h|_n$: n → n injektiv und nach (9.4) schon surjektiv. Das widerspräche aber der Injektivität von h.   □

(9.6) **Satz**: *Eine Menge* a *ist genau dann endlich, wenn jede Injektion von* a *in* a *surjektiv ist.*

Beweis: Aufgrund von (9.4) ist nur noch zu zeigen, daß es zu jeder unendlichen Menge a eine Injektion von a in a gibt, die nicht surjektiv ist. Für unendliches a gibt es nach (9.5) eine Injektion f: ω → a. Wir definieren g: a → a durch

$$g(x) = \begin{cases} x, & \text{falls } x \notin f[\omega] \\ f(n+1), & \text{falls } x = f(n). \end{cases}$$

Dann ist g injektiv und nicht surjektiv. Letzteres folgt aus $f(0) \notin g[a]$.   □

Wir wollen zum Schluß noch einige leicht beweisbare Eigenschaften endlicher Mengen erwähnen:

(9.7) *Zu jeder endlichen Menge* a *gibt es genau eine natürliche Zahl* n, *auf die sich* a *bijektiv abbilden läßt.*

Dies folgt sofort aus (9.4) und der Konnexität und Transitivität der natürlichen Zahlen.

(9.8) *Jede Teilmenge einer endlichen Menge ist endlich.*

(9.9) *Die Vereinigung über eine endliche Menge, die nur endliche Mengen als Elemente hat, ist endlich.*

Der Beweis dieser Behauptungen sei dem Leser überlassen. Wir werden in Kap. 11 weitere Sätze über endliche Mengen beweisen.

Kapitel 10 Anwendungen des Auswahlaxioms

In diesem Kapitel werden wir eine Reihe von Sätzen betrachten, die sich nur mit Hilfe des Auswahlaxioms beweisen lassen. Wir nehmen hierbei an, daß der Leser mit den verwendeten Begriffen vertraut ist.

Als erstes zeigen wir

(10.1) Satz: *Jeder Vektorraum* W *über einem Körper* K *besitzt eine Basis.*

Beweis: Man betrachte die Menge aller linear unabhängigen Teilmengen des Vektorraumes W. Diese Menge wird durch die echte Inklusion partiell geordnet. Jede Inklusionskette besitzt eine obere Schranke in der Menge — nämlich die Vereinigung über alle Kettenglieder. Die lineare Unabhängigkeit dieser Vereinigung ergibt sich aus der Tatsache, daß je endlich viele Elemente der Vereinigung schon in einem Kettenglied vorkommen. — Nach Zorns Lemma gibt es dann eine maximale linear unabhängige Teilmenge $B \subset W$. Wir behaupten, daß der Spann von B gleich W ist. — Denn anderenfalls gäbe es ein $z \in W \setminus \text{Spann } B$. Dann wäre aber auch $B \cup \{z\}$ linear unabhängig, denn falls

$$kz + k_1 b_1 + \ldots + k_n b_n = 0 \quad \text{mit} \quad k, k_i \in K \quad \text{und} \quad b_i \in B \, ,$$

so ist $kz \in \text{Spann } B$ und damit $k = 0$. Wegen der linearen Unabhängigkeit der b_i ist schließlich auch $k_1 = \ldots = k_n = 0$. Daher ist B Basis von W. □

Aus Satz (10.1) ergibt sich insbesondere, daß die reellen Zahlen, aufgefaßt als Vektorraum über den rationalen Zahlen, eine Basis besitzen. Eine Basis von $\mathbb{R}$ über $\mathbb{Q}$ nennt man auch *Hamelbasis*. Mit Hilfe einer solchen Basis kann man zum Beispiel leicht zeigen, daß es unstetige Funktionen f: $\mathbb{R} \to \mathbb{R}$ gibt mit $f(x + y) = f(x) + f(y)$ für alle $x, y \in \mathbb{R}$.

Als zweites Beispiel betrachten wir den *Satz von Hahn-Banach* für reelle Vektorräume:

(10.2) Satz: *Sei* W *ein reeller Vektorraum und* p *eine reellwertige Funktion auf* W *mit folgenden Eigenschaften:*

$$p(v + w) \leqslant p(v) + p(w) \quad \text{(Subadditivität)}$$
$$p(\rho v) = \rho \, p(v) \quad \text{für jedes} \quad \rho \geqslant 0, \, \rho \in \mathbb{R} \, .$$

Sei U *ein Unterraum von* W *und* $f_0 : U \to \mathbb{R}$ *ein reellwertiges lineares Funktional mit der Eigenschaft*

$$f_0(v) \leqslant p(v) \quad \text{für alle} \quad v \in U \, .$$

Dann existiert ein reellwertiges lineares Funktional $f: W \to \mathbb{R}$, *das* f_0
fortsetzt, mit

$$f(v) \leqslant p(v) \qquad \text{für alle} \quad v \in W.$$

Beweis: Sei $\mathscr{L}$ die Menge aller linearen Funktionale $g \supset f_0$, deren Definitionsbereich ein Unterraum von W ist und die in ihrem Definitionsbereich $g(v) \leqslant p(v)$ erfüllen. Diese Menge wird durch echte Inklusion partiell geordnet. $\mathscr{L}$ ist nicht leer und jede Inklusionskette $\emptyset \neq K \subset \mathscr{L}$ hat die obere Schranke $\bigcup_{g \in K} g \in \mathscr{L}$. Nach Zorns Lemma existieren maximale Elemente in $\mathscr{L}$.

Sei $f \in \mathscr{L}$ maximal. Es genügt zu zeigen, daß $D(f) = W$ ist. Dazu wiederum genügt es zu zeigen, daß es zu $f \in \mathscr{L}$ und $z \in W \setminus D(f)$ eine Erweiterung $g \supset f$, $g \in \mathscr{L}$ mit $z \in D(g)$ gibt.

Sei also $f \in \mathscr{L}$ und $z \in W \setminus D(f)$. Wir betrachten den Unterraum $W_0 := D(f) + \mathbb{R} z$. Jedes Element von W_0 ist eindeutig darstellbar in der Form $w + \rho z$ mit $w \in D(f)$ und $\rho \in \mathbb{R}$. Das Funktional f läßt sich zu einem Funktional f_λ auf W_0 fortsetzen, durch

$$f_\lambda(w + \rho z) := f(w) + \rho \lambda.$$

Es ist nun zu zeigen, daß durch geeignete Wahl von λ auch $f_\lambda(v) \leqslant p(v)$ für alle $v \in W_0$ erfüllt werden kann. Dies ist äquivalent zu

$$f(w) + \rho \lambda \leqslant p(w + \rho z) \qquad \text{für alle} \quad \rho \in \mathbb{R}, \ w \in D(f).$$

Dividiert man durch $\rho \neq 0$, so ist dies äquivalent zu

$$f\left(\frac{1}{\rho} w\right) + \lambda \leqslant p\left(\frac{1}{\rho} w + z\right) \qquad \text{für alle} \quad \rho > 0, \ w \in D(f)$$

und

$$f\left(-\frac{1}{\rho} w\right) - \lambda \leqslant p\left(-\frac{1}{\rho} w - z\right) \qquad \text{für alle} \quad \rho < 0, \ w \in D(f).$$

Um diese Bedingungen zu erfüllen, wählen wir ein λ mit

$$f(w_1) - p(w_1 - z) \leqslant \lambda \leqslant p(w_2 + z) - f(w_2)$$

für alle $w_1, w_2 \in D(f)$.
Eine solche Wahl ist möglich, da

$$f(w_1) + f(w_2) = f(w_1 + w_2) \leqslant p(w_1 + w_2) =$$
$$= p(w_1 - z + w_2 + z) \leqslant p(w_1 - z) + p(w_2 + z)$$

für alle $w_1, w_2 \in D(f)$ und somit

$$\sup_{w_1 \in D(f)} (f(w_1) - p(w_1 - z)) \leqslant \inf_{w_2 \in D(f)} (p(w_2 + z) - f(w_2)). \qquad \square$$

Wir zeigen nun mit Hilfe des Auswahlaxioms die Existenz nicht Lebesgue-meßbarer Teilmengen von $\mathbb{R}$. μ bezeichne das Lebesgue-Maß von $\mathbb{R}$. μ ist nicht negativ, σ-additiv und translationsinvariant. Ist $[a, b]$ das abgeschlossene Intervall mit den Endpunkten a, b und ist $a \leqslant b$, so ist außerdem $\mu([a, b]) = b - a$.

(10.3)   Satz: *(Vitali) Es gibt eine nicht Lebesgue-meßbare Teilmenge von* $\mathbb{R}$.

Beweis: In $[0, 1]$ definieren wir eine Äquivalenzrelation durch

$$x \sim y : \Longleftrightarrow x - y \in \mathbb{Q}.$$

Aufgrund des Auswahlaxioms existiert ein Repräsentantensystem $S \subset [0, 1]$ für $\sim$. Sei $S_r := \{x + r \mid x \in S\}$. $\mathbb{R}$ ist dann die disjunkte Vereinigung über alle S_r, $r \in \mathbb{Q}$. Wäre nun $\mu(S) = 0$, so wäre

$$\mu(\mathbb{R}) = \mu\left(\bigcup_{r \in \mathbb{Q}} S_r\right) = \sum_{r \in \mathbb{Q}} \mu(S_r) = \sum_{r \in \mathbb{Q}} \mu(S) = 0.$$

Die zweite Gleichung ergibt sich aus der σ-Additivität von μ, und die dritte aus der Translationsinvarianz von μ. Die Abzählbarkeit von $\mathbb{Q}$ setzen wir hier schon als bewiesen voraus (vgl. Satz (13.1)). Wäre andererseits $\mu(S) > 0$, so wäre

$$\mu([0, 2]) \geqslant \mu\left(\bigcup_{\substack{0 \leqslant r \leqslant 1 \\ r \in \mathbb{Q}}} S_r\right) = \sum_{\substack{0 \leqslant r \leqslant 1 \\ r \in \mathbb{Q}}} \mu(S_r) = \sum_{\substack{0 \leqslant r \leqslant 1 \\ r \in \mathbb{Q}}} \mu(S) = \infty.$$

Also ist S nicht Lebesgue-meßbar.   □

Für die grundlegenden topologischen Begriffe von $\mathbb{R}$ gibt es zwei verschiedene Definitionen — einmal die ϵ-δ-Definitionen, und zum anderen Definitionen, die die Grenzwerte von Folgen benutzen:

(a) x ist im *Abschluß* der Menge $A \subset \mathbb{R}$, falls
          1. Definition: Jede offene ϵ-Umgebung von x hat einen nicht leeren
                          Durchschnitt mit A.
          2. Definition: $x = \lim\limits_{n \to \infty} a_n$ für eine Folge von Punkten a_n aus A.

(b)   Eine Funktion $f: \mathbb{R} \to \mathbb{R}$ ist *im Punkte* x *stetig*, falls
          1. Definition: Zu jedem $\epsilon > 0$ gibt es ein $\delta > 0$, so daß für alle y gilt:
                          $|x - y| < \delta \Rightarrow |f(x) - f(y)| < \epsilon$.
          2. Definition: Ist $\lim\limits_{n \to \infty} x_n = x$ für eine Folge $\langle x_n \rangle_{n \in \mathbb{N}}$,

                          so ist $\lim\limits_{n \to \infty} f(x_n) = f(x)$.

(10.4)   *In* (a) *und* (b) *sind jeweils* 1. *und* 2. *äquivalent.*

Mit Hilfe des Auswahlaxioms zeigen wir in beiden Fällen die Äquivalenz der Definitionen. Im Falle (a) ist 2. $\Rightarrow$ 1. klar.

1. $\Rightarrow$ 2.: Sei h eine Auswahlfunktion für die Menge $\{A \cap U_{\frac{1}{n}}(x) \mid n \in \mathbb{N} \setminus \{0\}\}$.

Dabei ist $U_\epsilon(x) := \{z \mid z \in \mathbb{R} \text{ und } |x - z| < \epsilon\}$. Dann konvergiert die
Folge der $a_n := h(A \cap U_{\frac{1}{n}}(x))$ gegen x.

Im Falle (b) ist $1. \Rightarrow 2.$ klar.

2. $\Rightarrow$ 1.: Sei f nicht stetig in x im Sinne der ϵ-δ-Definition. Dann existiert ein
$\epsilon > 0$, so daß es zu jedem $\frac{1}{n}$ ein y gibt mit

$$|x - y| < \tfrac{1}{n} \quad \text{und} \quad |f(x) - f(y)| \geqslant \epsilon \ .$$

Sei h eine Auswahlfunktion für $\{U_{\frac{1}{n}}(x) \cap B \mid n \in \mathbb{N} \setminus \{0\}\}$, wobei

$B := \{y \mid y \in \mathbb{R} \text{ und } |f(x) - f(y)| \geqslant \epsilon\}$ ist. Dann gilt $\lim\limits_{n \to \infty} x_n = x$

für $x_n := h(U_{\frac{1}{n}}(x) \cap B)$ — aber $f(x)$ ist nicht der Grenzwert der $f(x_n)$. $\square$

Als weiteres Beispiel wollen wir den Satz von Tychonoff beweisen. Zunächst
wiederholen wir einige Definitionen. Ein topologischer Raum $\langle A, \tau \rangle$ heißt *quasi-kompakt,* falls jede offene Überdeckung des Raumes eine endliche Teilmenge enthält, die den Raum ebenfalls überdeckt. — Seien $\langle A_i, \tau_i \rangle$, $i \in I$ topologische
Räume. Der *Produktraum* der $\langle A_i, \tau_i \rangle_{i \in I}$ ist $\langle \underset{i \in I}{\textstyle\bigtimes} A_i, \tau \rangle$, wobei τ die gröbste
Topologie ist, so daß die Projektionen $\pi_j \colon \underset{i \in I}{\textstyle\bigtimes} A_i \to A_j$ stetig sind. Dabei ist
$\pi_j(\langle a_i \rangle_{i \in I}) = a_j$.

Eine Basis dieser Topologie ist durch die Mengen $\underset{i \in I}{\textstyle\bigtimes} U_i$ gegeben, wobei $U_i \in \tau_i$
(d.h. U_i offen) und $U_i \neq A_i$ nur für endlich viele $i \in I$.

Der *Satz von Tychonoff* besagt

(10.5)   Satz: *Das Produkt einer Familie quasikompakter Räume ist quasikompakt.*

Beweis: Wir sagen, daß eine Menge von Mengen A die *endliche Durchschnittseigenschaft* hat, falls der Durchschnitt über endlich viele Elemente von A nie leer ist. Man sieht sofort ein — indem man die Komplemente von Elementen einer offenen Überdeckung betrachtet —, daß ein topologischer Raum genau dann quasikompakt ist, wenn jede Menge von abgeschlossenen Mengen mit endlicher Durchschnittseigenschaft insgesamt einen nicht leeren Durchschnitt hat.

Sei nun $S \subset P(\underset{i \in I}{\textstyle\bigtimes} A_i)$ mit endlicher Durchschnittseigenschaft. Wir zeigen

$\underset{X \in S}{\textstyle\bigcap} \overline{X} \neq \emptyset$, wobei $\overline{X}$ der Abschluß von X in der Produkttopologie ist. Mit
Zorns Lemma folgt die Existenz eines maximalen $S^* \supset S$ (bzgl. Inklusion) mit
endlicher Durchschnittseigenschaft. Wegen der Maximalität ist S^* sogar unter
endlichen Durchschnitten abgeschlossen. Für $X \in S^*$ sei $X_i := \pi_i(X)$.

Die Menge $\{X_i \mid X \in S^*\}$ hat die endliche Durchschnittseigenschaft. Also hat
auch $\{\overline{X}_i \mid X \in S^*\}$ die endliche Durchschnittseigenschaft ($\overline{X}_i$ ist der Abschluß
von X_i in $\langle A_i, \tau_i \rangle$). Aus der Quasikompaktheit von $\langle A_i, \tau_i \rangle$ folgt dann
$B_i := \bigcap\limits_{X \in S^*} \overline{X}_i \neq \emptyset$. Nach dem Auswahlaxiom existiert dann ein $\langle a_i \rangle_{i \in I} \in \bigtimes\limits_{i \in I} B_i$.

Wir behaupten, daß $\langle a_i \rangle_{i \in I} \in \bigcap\limits_{X \in S^*} \overline{X} \subset \bigcap\limits_{X \in S} \overline{X}$. Da $a_i \in \bigcap\limits_{X \in S^*} \overline{X}_i$ ist, hat jede
offene Umgebung $U_i \in \tau_i$ von a_i einen nicht leeren Schnitt mit jedem X_i. Daher
ist $\pi_i^{-1}[U_i]$ für ein solches U_i eine offene Menge, die einen nicht leeren Durchschnitt mit jedem $X \in S^*$ hat. Also ist wegen der Maximalität von S^* auch
$\pi_i^{-1}[U_i]$ in S^* für jede offene Umgebung $U_i \in \tau_i$ von a_i und jedes $i \in I$. Damit
ist auch jeder endliche Durchschnitt solcher $\pi_i^{-1}[U_i]$ in S^*. Diese Mengen bilden
aber gerade eine offene Umgebungsbasis des Punktes $\langle a_i \rangle_{i \in I}$. Also hat jede offene
Umgebung von $\langle a_i \rangle_{i \in I}$ einen nicht leeren Schnitt mit jedem $X \in S$. Daher ist
$\langle a_i \rangle_{i \in I} \in \overline{X}$ für jedes $X \in S^*$ − und somit

$$\langle a_i \rangle_{i \in I} \in \bigcap\limits_{X \in S^*} \overline{X} \subset \bigcap\limits_{X \in S} \overline{X}.$$

Aus dem Bewiesenen folgt, daß jede Familie S abgeschlossener Mengen mit endlicher Durchschnittseigenschaft einen insgesamt nicht leeren Schnitt hat:

$$\bigcap\limits_{X \in S} X = \bigcap\limits_{X \in S} \overline{X} \neq \emptyset.$$

Also ist der Produktraum quasikompakt.   □

Bemerkung: Wir haben gezeigt, daß der Satz von Tychonoff aus dem Auswahlaxiom folgt. Es läßt sich sogar zeigen, daß der Satz von Tychonoff zum Auswahlaxiom äquivalent ist.

Zuletzt wollen wir ein Beispiel aus der Algebra betrachten:

(10.6) **Satz:** *I sei ein Ideal eines kommutativen Ringes* R *mit Eins.* S *sei eine
multiplikativ abgeschlossene Teilmenge von* R *mit* $1 \in S$ *und* $I \cap S = \emptyset$.
Dann besitzt die Menge $\mathcal{M}$ *aller Ideale* J *von* R *mit* $I \subset J$ *und*
$J \cap S = \emptyset$ *maximale Elemente. Jedes maximale Element von* $\mathcal{M}$ *ist ein
Primideal von* R.

Wendet man den Satz auf $S = \{1\}$ an, so ergibt sich, daß jedes Ideal I eines
kommutativen Ringes R mit $I \neq R$ in einem maximalen Ideal von R enthalten
ist. Diese Tatsache kann man unter anderem benutzen, um die Existenz eines
algebraischen Abschlusses eines Körpers zu zeigen.

Beweis: Ist $K \neq \emptyset$ eine Inklusionskette von Idealen in $\mathcal{M}$, so ist

$$\bigcup\limits_{J \in K} J \text{ ein Ideal und } S \cap \bigcup\limits_{J \in K} J = \bigcup\limits_{J \in K} (S \cap J) = \emptyset.$$

Also besitzt jede Kette eine obere Schranke in $\mathcal{M}$. Nach Zorns Lemma existieren maximale Elemente in $\mathcal{M}$.

Sei P ein maximales Element in $\mathcal{M}$. Angenommen für zwei Elemente $x_1, x_2 \in R \setminus P$ gilt $x_1 x_2 \in P$. Wegen der Maximalität von P ist $(R x_i + P) \cap S \neq \emptyset$ für $i = 1, 2$. Es gibt also $r_i \in R$ und $p_i \in P$, so daß $r_i x_i + p_i \in S$ für $i = 1, 2$. Dann ist aber

$$(r_1 x_1 + p_1)(r_2 x_2 + p_2) = r_1 r_2 x_1 x_2 + r_1 x_1 p_2 + r_2 x_2 p_1 + p_1 p_2$$

aus $P \cap S$ im Widerspruch zu $P \cap S = \emptyset$. Daher ist P ein Primideal.   □

Kapitel 11 Mächtigkeiten und Kardinalzahlen

In diesem Kapitel wollen wir einen Anzahl- bzw. Größenbegriff für Mengen definieren. Zunächst einmal definieren wir, wann zwei Mengen „gleich groß" — wir sagen nach Cantor „gleichmächtig" — heißen sollen:

$$a \sim b \; :\Longleftrightarrow \; \text{es gibt eine Bijektion von } a \text{ auf } b$$
$$(a \textit{ ist gleichmächtig mit } b).$$

Man sieht unmittelbar, daß $\sim$ eine Äquivalenz in der Klasse aller Mengen ist. Weiter definieren wir:

$$a \precsim b \; :\Longleftrightarrow \; \text{es gibt eine Injektion von } a \text{ in } b$$
$$(a \textit{ ist von kleinerer oder gleicher Mächtigkeit wie } b)$$

$$a \prec b \; :\Longleftrightarrow \; a \precsim b \text{ und nicht } a \sim b$$
$$(a \textit{ ist von kleinerer Mächtigkeit als } b).$$

Anhand der Definitionen überzeugt man sich sofort, daß für beliebige Mengen a, b, c folgendes gilt:

$$a \precsim a$$
$$a \precsim b \text{ und } b \precsim c \; \Rightarrow \; a \precsim c$$
$$a \subset b \; \Rightarrow \; a \precsim b$$
$$a \sim b \; \Rightarrow \; a \precsim b \text{ und } b \precsim a .$$

Es gilt auch die Umkehrung der letzten Implikation, die als *Satz von Cantor-Bernstein* bekannt ist.

(11.1) **Satz:** *Für beliebige Mengen* a *und* b *gilt:* $a \precsim b$ *und* $b \precsim a \; \Rightarrow \; a \sim b$.

Beweis: Wir geben hier einen elementaren (dafür aber längeren) Beweis, der das Auswahlaxiom nicht benutzt. Seien $h_1 : a \rightarrow b$ und $h_2 : b \rightarrow a$ Injektionen. Dann gilt für $a_1 := h_2 \circ h_1 [a]$ und $c := h_2 [b]$ das Folgende:

$$a_1 \subset c \subset a \text{ und } a_1 \sim a \text{ und } c \sim b .$$

Es genügt also zu zeigen, daß aus $a_1 \subset c \subset a$ und $f : a \leftrightarrow a_1$ immer $c \sim a$ folgt.

Wir definieren durch Induktion über n:

$$a_0 = a \qquad\qquad c_0 = c$$
$$a_{n+1} = f [a_n] \qquad\qquad c_{n+1} = f [c_n] .$$

Es ergibt sich folgendes Bild:

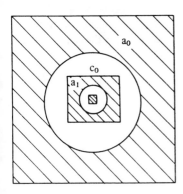

Wir definieren:

$$g(x) := \begin{cases} f(x), & \text{falls } x \in \bigcup_{n \in \omega} (a_n \setminus c_n) \\ x & \text{sonst.} \end{cases}$$

g ist eine Funktion von a in c. Aus der Injektivität von f folgt:

$$x \in a_n \setminus c_n \ \Rightarrow \ f(x) \in f[a_n] \setminus f[c_n] = a_{n+1} \setminus c_{n+1} \ .$$

Setzen wir $d := \bigcup_{n \in \omega} (a_n \setminus c_n)$, so ist $g|_d = f|_d$ eine injektive Funktion von d

nach d. Damit ist aber auch $g = g|_d \cup \{\langle x, x \rangle \mid x \in a \setminus d\}$ injektiv.

Wir zeigen nun die Surjektivität von g. Ist $x \in a \setminus d \subset c$, so folgt $x = g(x) \in g[a]$
nach Definition von g. Ist andererseits $x \in c \cap d$, so ist $x \in a_{n+1} \setminus c_{n+1}$ für ein
$n \in \omega$ — und somit $x \in g[a_n]$. Damit ist der Satz bewiesen. □

Als nächstes bemerken wir, daß je zwei Mengen a und b bezüglich $\precsim$ vergleichbar sind.

(11.2) Lemma: *Für je zwei Mengen* a *und* b *gilt* $a \precsim b$ *oder* $b \precsim a$.

Beweis: Aufgrund des Wohlordnungssatzes gibt es Bijektionen $f: a \leftrightarrow \alpha$ und
$g: b \leftrightarrow \beta$, wobei α und β Ordinalzahlen sind. Nach (7.4) ist $\alpha \subset \beta$ oder $\beta \subset \alpha$.
Daraus ergibt sich sofort die Behauptung. □

Man kann zeigen, daß die Behauptung des Lemmas (11.2) zum Auswahlaxiom
äquivalent ist.

Wir zeigen nun, daß jede Menge a von kleinerer Mächtigkeit als ihre Potenzmenge $P(a)$ ist. Dies ist zuerst von Cantor bewiesen worden.

(11.3)   Satz: *Für alle Mengen* a *gilt* $a \prec P(a)$.

Beweis: Durch $f: a \to P(a)$ mit $f(x) = \{x\}$ für $x \in a$ ist eine Injektion von a in $P(a)$ gegeben. Also ist $a \precsim P(a)$. Wäre nun $a \sim P(a)$, so gäbe es eine Bijektion $f: a \leftrightarrow P(a)$. Es wäre dann $y := \{x \mid x \in a$ und $x \notin f(x)\}$ ein Element von $P(a)$. Also gäbe es ein $x_0 \in a$ mit $f(x_0) = y$. Dann wäre für alle $x \in a$:

$$x \in f(x_0) \iff x \notin f(x).$$

Für $x = x_0$ hätten wir insbesondere

$$x_0 \in f(x_0) \iff x_0 \notin f(x_0).$$

Wegen dieses Widerspruches kann es keine solche Bijektion geben.   □

Weiter bemerken wir

(11.4)   Lemma: *Für Mengen* a, b *gilt: Es gibt eine Surjektion von* a *auf* b *genau dann, wenn* $b \precsim a$ *ist.*

Beweis: Sei $f: a \to b$ surjektiv. Aufgrund des Auswahlaxioms existiert eine Auswahlfunktion g für $\{f^{-1}[\{y\}] \mid y \in b\}$. Dann ist $h(y) := g(f^{-1}[\{y\}])$ eine Injektion von b in a. Also ist $b \precsim a$. Ist andererseits $g: b \to a$ injektiv und ist $z \in b$, so ist $g^{-1} \cup \{\langle x, z\rangle \mid x \in a \setminus g[b]\}$ surjektiv.   □

Nach dem Wohlordnungssatz läßt sich jede Menge bijektiv auf eine Ordinalzahl abbilden. Daher lassen sich Repräsentanten für die Äquivalenzklassen von $\sim$ in den Ordinalzahlen finden. Verschiedene Ordinalzahlen können jedoch in die gleiche Mächtigkeitsklasse fallen. Zum Beispiel sind ω und $\omega + 1$ in der gleichen Klasse, denn

$$f: \omega + 1 \to \omega \quad \text{mit} \quad f(\nu) = \begin{cases} \nu + 1 & \text{für } \nu \in \omega \\ 0 & \text{für } \nu = \omega \end{cases}$$

ist eine Bijektion von $\omega + 1$ auf ω.

Wir erhalten ein Repräsentantensystem für die Mächtigkeitsklassen von Mengen, wenn wir aus den Ordinalzahlen, die in dieselbe Klasse fallen, die kleinste auswählen. Diese Repräsentanten der Mächtigkeitsklassen heißen *Kardinalzahlen*. Wir definieren also für $\alpha \in On$

$$\alpha \text{ ist } Kardinalzahl :\iff \text{ für kein } \nu < \alpha \text{ ist } \nu \sim \alpha.$$

Die Klasse aller Kardinalzahlen bezeichnen wir mit

$$Kard := \{\alpha \mid \alpha \text{ ist Kardinalzahl}\}.$$

Weiter definieren wir

$$\overline{\overline{x}} := \text{kleinste Ordinalzahl } \alpha \text{ mit } \alpha \sim x.$$

Trivialerweise ist $\overline{\overline{x}} \in \text{Kard}$ — und man bezeichnet $\overline{\overline{x}}$ als die *Kardinalzahl von* x.
Es ist $\text{Kard} = \{\alpha \mid \alpha = \overline{\overline{\alpha}}\}$.

(11.5) **Lemma:** *Für Mengen* a, b *gilt:*

$\quad$ (1) $\quad a \sim b \Longleftrightarrow \overline{\overline{a}} = \overline{\overline{b}}$

$\quad$ (2) $\quad a \precsim b \Longleftrightarrow \overline{\overline{a}} \leqslant \overline{\overline{b}}$

$\quad$ (3) $\quad a \prec b \Longleftrightarrow \overline{\overline{a}} < \overline{\overline{b}}$.

Beweis:

(1) $\quad$ ist klar.

(2) $\quad$ Ist $\overline{\overline{a}} \leqslant \overline{\overline{b}}$, so ist $\overline{\overline{a}} \subset \overline{\overline{b}}$ — und somit $a \precsim b$. Sei andererseits $a \precsim b$.
$\quad\quad$ Ist $a \sim b$, so ergibt sich $\overline{\overline{a}} \leqslant \overline{\overline{b}}$ aus (1). Ist $a \prec b$ und wäre $\overline{\overline{b}} < \overline{\overline{a}}$, so
$\quad\quad$ hätten wir insbesondere $\overline{\overline{b}} \leqslant \overline{\overline{a}}$ — und damit auch $b \precsim a$. Nach dem Satz
$\quad\quad$ von Cantor-Bernstein hätte dies jedoch $a \sim b$ zur Folge.

(3) $\quad$ ergibt sich aus (1) und (2). $\hfill \square$

Wir wollen nun die endlichen Kardinalzahlen — das heißt, die Kardinalzahlen
endlicher Mengen — etwas näher betrachten.

Eine Menge a ist gemäß Kap. 9 endlich, wenn sie sich bijektiv auf eine natürliche
Zahl abbilden läßt.

(11.6) **Lemma:** *Jede natürliche Zahl ist eine Kardinalzahl. Also ist* $\omega \subset \text{Kard}$.

Beweis: Nach (9.4) gibt es keine Bijektion von einer natürlichen Zahl n auf eine
echte Teilmenge von n. Insbesondere gibt es keine Bijektion von n auf ein $m < n$.
Also ist jedes n Kardinalzahl. $\hfill \square$

Aus (11.5) und (11.6) ergibt sich nun unmittelbar

(11.7) **Korollar:** *Für alle natürlichen Zahlen* m, n *gilt:*

$\quad$ (1) $\quad m \sim n \Longleftrightarrow m = n$

$\quad$ (2) $\quad m \precsim n \Longleftrightarrow m \leqslant n$

$\quad$ (3) $\quad m \prec n \Longleftrightarrow m < n$.

(11.8) **Lemma:** *Sind* a *und* b *endliche Mengen mit* $\overline{\overline{a}} = m$ *und* $\overline{\overline{b}} = n$, *so gilt:*

$\quad$ (1) $\quad a \cap b = \emptyset \;\Rightarrow\; \overline{\overline{a \cup b}} = m + n$

$\quad$ (2) $\quad \overline{\overline{a \times b}} = m \cdot n$

$\quad$ (3) $\quad \overline{\overline{P(a)}} = 2^m$,

$\quad$ *dabei ist* $f(m) = 2^m$ *die über den Rekursionssatz eindeutig bestimmte*
$\quad$ *Funktion* f *mit*

$\quad$ $f(0) = 1$
$\quad$ $f(n + 1) = 2 \cdot f(n)$.

Beweis:

(1)   Aus den Voraussetzungen folgt unmittelbar $a \cup b \sim (m \times \{0\}) \cup (n \times \{1\})$.
       Nach Definition der ordinalen Summe in Kap. 8 gibt es einen Isomorphis-
       mus zwischen $\langle (m \times \{0\}) \cup (n \times \{1\}), E_{m,n} \rangle$ und $\langle m+n, \in \rangle$. Dieser
       Isomorphismus ist insbesondere eine Bijektion. Also erhält man
       $(m \times \{0\}) \cup (n \times \{1\}) \sim m+n$.

(2)   ergibt sich analog aus der Definition des ordinalen Produktes.

(3)   zeigen wir durch Induktion über m:

       (a) $\overline{\overline{P(\emptyset)}} = \overline{\overline{\{\emptyset\}}} = 1 = 2^\circ$.

       (b)   Für alle $x \sim m$ gelte bereits $P(x) \sim 2^m$. Es sei $a \sim m+1$. Dann
             gibt es ein $z \in a$ mit $x := a \setminus \{z\} \sim m$. Es ist aber
             $P(a) = P(x) \cup \{y \cup \{z\} \mid y \in P(x)\}$, wobei die Vereinigung
             disjunkt ist. Weiterhin erhalten wir $P(x) \sim \{y \cup \{z\} \mid y \in P(x)\}$
             über die Funktion $f(y) = y \cup \{z\}$ für $y \in P(x)$. Aus (1) und der
             Induktionsvoraussetzung folgt dann $P(x) \sim 2^m + 2^m = 2 \cdot 2^m = 2^{m+1}$

                                                                                            □

Wir wenden uns nun den unendlichen Kardinalzahlen zu. Als erstes bemerken wir,
daß ω eine Kardinalzahl ist. Dies ergibt sich sofort aus (9.5).

Weiterhin zeigen wir, daß es zu jeder Ordinalzahl α eine Kardinalzahl κ gibt, die
größer als α ist. Man sagt, die Klasse der Kardinalzahlen liegt *konfinal* in der
Klasse aller Ordinalzahlen.

(11.9)   Lemma: *Zu jedem* $\alpha \in \text{On}$ *existiert ein* $\kappa \in \text{Kard}$ *mit* $\alpha < \kappa$.

Beweis: Sei $\alpha \in \text{On}$ und $\kappa := \overline{\overline{P(\alpha)}}$. Nach (11.3) ist $\alpha < P(\alpha)$. Aus (11.5)(3)
ergibt sich dann $\overline{\overline{\alpha}} < \kappa$. Wäre nun $\kappa \leqslant \alpha$, so wäre wegen $\kappa \subset \alpha$ auch $\kappa \precsim \alpha$.
Dann wäre aber mit (11.5)(2) auch $\kappa = \overline{\overline{\kappa}} \leqslant \overline{\overline{\alpha}}$.   □

Wir definieren nun durch ordinale Rekursion die funktionale Klasse
Aleph $\aleph$: $\text{On} \to \text{V}$ durch

$$\aleph_0 = \omega$$

$$\aleph_{\alpha+1} = \aleph_\alpha^+$$

$$\aleph_\lambda = \bigcup_{\nu < \lambda} \aleph_\nu, \quad \text{falls } \lambda \text{ Limeszahl}.$$

Dabei bezeichnet allgemein β^+ die kleinste Kardinalzahl κ, die größer als β ist.
Die Existenz einer solchen Kardinalzahl ist durch (11.9) gesichert. Ist speziell β
eine Kardinalzahl, so heißt β^+ der *kardinale Nachfolger* von β. Man beachte, daß
für den ordinalen Nachfolger β' einer unendlichen Ordinalzahl immer $\overline{\overline{\beta'}} = \overline{\overline{\beta}}$ gilt.

Dies zeigt die Bijektion f: $\beta + 1 \leftrightarrow \beta$ definiert durch

$$f(\nu) = \begin{cases} \nu + 1 & \text{für } \nu \in \omega \\ \nu & \text{für } \omega \leqslant \nu < \beta \\ 0 & \text{für } \nu = \beta . \end{cases}$$

Jede unendliche Kardinalzahl ist also eine Limesordinalzahl.

(11.10) Satz: *Der Wertebereich der $\aleph$-Klasse ist die Klasse aller unendlichen Kardinalzahlen und es gilt $\aleph_\alpha < \aleph_\beta$ für $\alpha < \beta$. Insbesondere ist also $\aleph$ injektiv – und* Kard *daher eine echte Klasse.*

Beweis: Wir zeigen zuerst durch transfinite Induktion über α die Aussage

$\aleph_\alpha$ ist Kardinalzahl und für alle $\nu < \alpha$ ist $\aleph_\nu < \aleph_\alpha$.

Für den Induktionsanfang und den Nachfolgerschritt ist das klar. Sei $\alpha = \lambda$ Limeszahl und die obige Aussage sei für alle $\nu < \lambda$ richtig. Als Vereinigung über eine Menge von Ordinalzahlen ist $\aleph_\lambda$ nach der Bemerkung im Anschluß an (7.6) selbst Ordinalzahl. Wäre nun $\overline{\overline{\aleph}}_\lambda < \aleph_\lambda = \bigcup_{\nu < \lambda} \aleph_\nu$ so gäbe es ein $\nu < \lambda$ mit $\overline{\overline{\aleph}}_\lambda < \aleph_\nu$.

Wegen $\aleph_\nu \subset \aleph_\lambda$ hätten wir dann $\overline{\overline{\aleph}}_\nu \leqslant \overline{\overline{\aleph}}_\lambda < \aleph_\nu$. Das wäre ein Widerspruch zur Annahme $\overline{\overline{\aleph}}_\nu = \aleph_\nu$ für $\nu < \lambda$. Also ist $\aleph_\lambda$ Kardinalzahl. Wäre $\aleph_\lambda \leqslant \aleph_\nu$ für ein $\nu < \lambda$, so wäre auch $\aleph_\lambda < \aleph_{\nu+1} \leqslant \aleph_\lambda$. Daher ist $\aleph_\nu < \aleph_\lambda$ für alle $\nu < \lambda$. Die funktionale Klasse $\aleph$ ist damit injektiv. Daraus ergibt sich sofort, daß $\aleph[On]$ eine echte Klasse ist, die deshalb konfinal in der Klasse aller Ordinalzahlen liegt.

Wir zeigen jetzt, daß jede unendliche Kardinalzahl κ im Wertebereich von $\aleph$ auftritt, d.h. $\kappa = \aleph_\alpha$ für ein $\alpha \in On$. Aufgrund der Injektivität von $\aleph$ gibt es dann genau ein solches α. – Wir schließen indirekt und nehmen an, daß es eine unendliche Kardinalzahl gibt, die nicht im Wertebereich der $\aleph$-Klasse ist. Sei κ minimal mit dieser Eigenschaft. Sei dann τ die kleinste Ordinalzahl mit $\kappa < \aleph_\tau$, die aufgrund der Konfinalität von $\aleph[On]$ in On existiert. Dann ist τ eine Limesordinalzahl, denn τ ist verschieden von 0 und mit $\tau = \beta + 1$ wäre

$\aleph_\beta < \kappa < \aleph_\tau = \aleph_{\beta+1} = \aleph_\beta^+$. Also ergibt sich $\kappa < \aleph_\tau = \bigcup_{\nu < \tau} \aleph_\nu$, und somit ist $\kappa < \aleph_\nu$ für ein $\nu < \tau$. Das widerspricht aber der Minimalität von τ. Damit ist der Satz bewiesen. $\square$

Zum Schluß bemerken wir noch, daß anstelle der Bezeichnung $\aleph_\alpha$ in der Literatur auch die Bezeichnung ω_α gebräuchlich ist.

Kapitel 12 Kardinalzahlarithmetik

Nachdem der Begriff der Mächtigkeit einer Menge und geeignete Repräsentanten für die verschiedenen Mächtigkeitsklassen – die Kardinalzahlen – eingeführt sind, stellt sich nun die Aufgabe, Gesetzmäßigkeiten für das Verhalten der Mächtigkeiten unter mengentheoretischen Operationen aufzustellen. Für endliche Mächtigkeiten wurde dies im vorigen Kapitel für die disjunkte Vereinigung, Bildung des Kreuzproduktes und die Potenzmengenbildung durchgeführt. Eine analoge Behandlung unendlicher Mächtigkeiten kann man seit Cantor als zentrales Problem der Mengenlehre betrachten. Nach Entdeckung der Vielfalt unendlicher Mächtigkeiten, die zum Beispiel darin zum Ausdruck kommt, daß die iterierte Potenzmengenbildung zu immer höheren Mächtigkeiten führt, ergibt sich das Problem einer strukturellen Beschreibung und rechnerischen Behandlung dieser unendlichen Mächtigkeiten. Die Grundzüge einer solchen Theorie sollen nun dargestellt werden.

Die Summe zweier Kardinalzahlen κ und λ werden wir als die Kardinalzahl einer disjunkten Vereinigung einer Menge mit Kardinalzahl κ mit einer Menge mit Kardinalzahl λ einführen. Da speziell $\kappa \times \{0\}$ eine Menge der Kardinalität κ ist – und entsprechend $\lambda \times \{1\}$ eine Menge der Kardinalität λ und außerdem die beiden Mengen disjunkt sind, können wir die kardinale Summe mit Hilfe dieser direkt aus κ und λ konstruierten Mengen definieren:

$$\kappa \oplus \lambda := \overline{\overline{(\kappa \times \{0\}) \cup (\lambda \times \{1\})}} \qquad \textit{(kardinale Summe)}.$$

Da aus $\overline{\overline{a}} = \kappa$, $\overline{\overline{b}} = \lambda$ und $a \cap b = \emptyset$ folgt, daß $a \cup b$ gleichmächtig mit $(\kappa \times \{0\}) \cup (\lambda \times \{1\})$ ist, erhalten wir dann ganz allgemein für Mengen a und b

$$\overline{\overline{a}} \oplus \overline{\overline{b}} = \overline{\overline{a \cup b}}, \qquad \text{falls} \quad a \cap b = \emptyset.$$

Sind die Mengen a und b nicht disjunkt, so gilt gewöhnlich nur

$$\overline{\overline{a \cup b}} \leqslant \overline{\overline{a}} \oplus \overline{\overline{b}}.$$

Dies folgt sofort aus $a \cup b = a \cup (b \setminus a) \precsim (\overline{\overline{a}} \times \{0\}) \cup (\overline{\overline{b}} \times \{1\})$.

Die Bildung des Kreuzproduktes zweier Mengen führt hinsichtlich der Mächtigkeiten zum Begriff des kardinalen Produktes. Dieses definieren wir durch

$$\kappa \otimes \lambda := \overline{\overline{\kappa \times \lambda}} \qquad \textit{(kardinales Produkt)}.$$

Daraus erhalten wir wiederum für alle Mengen a und b

$$\overline{\overline{a}} \otimes \overline{\overline{b}} = \overline{\overline{a \times b}}.$$

Die Operationen $\oplus$ und $\otimes$ sind assoziativ und kommutativ, wie man sofort bestätigt. Weiterhin gilt das Distributivgesetz

$$\kappa \otimes (\lambda \oplus \rho) = (\kappa \otimes \lambda) \oplus (\kappa \otimes \rho) \, .$$

Dies folgt sofort aus der Identität

$$a \times (b \cup c) = (a \times b) \cup (a \times c) \, .$$

Null und Eins haben die Eigenschaften

$$0 \oplus \kappa = 1 \otimes \kappa = \kappa \quad \text{und} \quad 0 \otimes \kappa = 0 \, .$$

Ferner gelten folgende Monotoniegesetze für Kardinalzahlen κ, λ, ρ:

$$\kappa \leqslant \lambda \;\Rightarrow\; \kappa \oplus \rho \leqslant \lambda \oplus \rho$$
$$\kappa \leqslant \lambda \;\Rightarrow\; \kappa \otimes \rho \leqslant \lambda \otimes \rho \, .$$

Diese ergeben sich aus den Implikationen

$$a \subset b \;\Rightarrow\; a \cup c \subset b \cup c$$

und

$$a \subset b \;\Rightarrow\; a \times c \subset b \times c \, .$$

Man beachte, daß aus $\kappa < \lambda$ nicht notwendig $\kappa \oplus \rho < \lambda \oplus \rho$ oder $\kappa \otimes \rho < \lambda \otimes \rho$ für $\rho > 0$ folgt. Hierfür werden wir in Kürze Beispiele kennenlernen. Für natürliche Zahlen n und m stimmen aufgrund von (11.8) die eingeführten kardinalen Operationen mit den gewöhnlichen arithmetischen Operationen überein:

$$m \oplus n = m + n$$
$$m \otimes n = m \cdot n \, .$$

Damit ist die Theorie endlicher Kardinalzahlen Teil der Arithmetik. Wir wenden uns nun den unendlichen Kardinalzahlen zu. Es wird sich zeigen, daß für Summe und Produkt zweier unendlicher Kardinalzahlen besonders einfache Gesetzmäßigkeiten gelten. Summen- und Produktbildung sind hier identisch mit der Bildung des Maximums der beiden Kardinalzahlen. Dies zu zeigen ist unser nächstes Ziel. Anschließend werden dann unendliche Summen und Produkte sowie Potenzbildung Gegenstand der weiteren Betrachtungen sein.

Zuerst soll gezeigt werden, daß für jede unendliche Kardinalzahl immer $\kappa \otimes \kappa = \kappa$ ist. In der Aleph-Notation für unendliche Kardinalzahlen bedeutet dies $\aleph_\alpha \otimes \aleph_\alpha = \aleph_\alpha$ für alle $\alpha \in \mathrm{On}$.

Im Beweis spielt die folgende kanonische Wohlordnung von $A := \mathrm{On} \times \mathrm{On}$ die zentrale Rolle. Wir definieren eine relationale Klasse $R \subset A \times A$ durch

$$\langle \alpha, \beta \rangle \, R \, \langle \gamma, \delta \rangle :\Longleftrightarrow \begin{cases} \alpha \cup \beta < \gamma \cup \delta \\ \text{oder } (\alpha \cup \beta = \gamma \cup \delta \text{ und } \alpha < \gamma) \\ \text{oder } (\alpha \cup \beta = \gamma \cup \delta \text{ und } \alpha = \gamma \text{ und } \beta < \delta) \, , \end{cases}$$

dabei ist $\rho \cup \tau$ offensichtlich das Maximum der Ordinalzahlen ρ und τ. – Für gleiches Maximum ordnet R die Paare lexikographisch. Man überzeugt sich leicht davon, daß A durch R linear geordnet ist. Weiter behaupten wir, daß A durch R sogar wohlgeordnet ist. Dazu ist zu zeigen, daß erstens jede nicht leere Teilklasse $B \subset A$ ein kleinstes Element bezüglich R enthält – und daß zweitens die Segmente $\{x \mid x R a\}$ immer Mengen sind. Sei also $\emptyset \neq B \subset A$. Wir definieren die folgenden Ordinalzahlen:

α_0 sei die kleinste Ordinalzahl α mit $\alpha = \gamma \cup \delta$ und $\langle \gamma, \delta \rangle \in B$.

γ_0 sei die kleinste Ordinalzahl γ, zu der es ein δ mit $\langle \gamma, \delta \rangle \in B$ und $\gamma \cup \delta = \alpha_0$ gibt.

δ_0 sei die kleinste Ordinalzahl δ, so daß $\langle \gamma_0, \delta \rangle \in B$ und $\gamma_0 \cup \delta = \alpha_0$ ist.

Dann ist offensichtlich $\langle \gamma_0, \delta_0 \rangle$ ein bezüglich R minimales Element von B. – Der zweite Teil, daß nämlich Segmente der Form $\{x \mid x R a\}$ Mengen sind, ergibt sich sofort aus

$$\langle \alpha, \beta \rangle \, R \, \langle \gamma, \delta \rangle \;\; \Rightarrow \;\; \alpha, \beta < (\gamma \cup \delta) + 1 \, .$$

Die Klasse A wird also durch R wohlgeordnet. Für jedes $\alpha \in On$ ist $\alpha \times \alpha$ ein R-Segment:

$$\alpha \times \alpha = \{ \langle \gamma, \delta \rangle \mid \langle \gamma, \delta \rangle \, R \, \langle 0, \alpha \rangle \} \, .$$

Das Kontraktionslemma (6.3) sichert die Existenz eines Ordnungsisomorphismus F von A mit R auf eine transitive Teilklasse $B \subset On$ mit der Elementbeziehung als Ordnungsrelation. Da A eine echte Klasse ist, folgt aus (7.6) (1) außerdem B = On.

Nach Definition von F ist

$$F (0, \alpha) = F [\alpha \times \alpha] \, .$$

Weiterhin gilt – wie man leicht durch ordinale Induktion zeigt –

$$F [\alpha \times \alpha] \geqslant \alpha \qquad \text{für alle} \quad \alpha \in On \, .$$

Schließlich bemerken wir noch die Identität

$$F [\omega \times \omega] = \omega \, .$$

Wäre nämlich $F [\omega \times \omega] > \omega$, so gäbe es $m, n \in \omega$ mit $F (m, n) = \omega$. Für $k := (m \cup n) + 1$ wäre dann $\langle m, n \rangle \, R \, \langle 0, k \rangle$ und somit $\omega = F (m, n) < F (0, k) = F [k \times k]$. Dann wäre aber $\overline{\overline{k \times k}} = k \cdot k \geqslant \omega$ für ein $k \in \omega$.

Nach diesen Vorbereitungen läßt sich folgendes Lemma zeigen:

(12.1)   **Lemma:** *Für alle* $\alpha \in On$ *ist* $\aleph_\alpha \otimes \aleph_\alpha = \aleph_\alpha$.

Beweis: Wir zeigen, daß für die injektive Kontraktionsfunktion F immer $F [\aleph_\alpha \times \aleph_\alpha] = \aleph_\alpha$ ist. Daraus folgt $\aleph_\alpha \times \aleph_\alpha \sim \aleph_\alpha$. Damit ist dann $\aleph_\alpha \otimes \aleph_\alpha = \aleph_\alpha$.

Für $\alpha = 0$ ist die Behauptung $F[\aleph_0 \times \aleph_0] = F[\omega \times \omega] = \omega = \aleph_0$ schon nachgewiesen. Wäre nun $F[\aleph_\alpha \times \aleph_\alpha] > \aleph_\alpha$ für ein $\alpha > 0$, so gäbe es ein kleinstes α mit dieser Eigenschaft. Zu einem solchen α gäbe es $\gamma, \delta < \aleph_\alpha$ mit $F(\gamma, \delta) = \aleph_\alpha$. Da jede unendliche Kardinalzahl Limesordinalzahl ist, wäre auch $\rho := (\gamma \cup \delta) + 1 < \aleph_\alpha$. Wegen $\langle \gamma, \delta \rangle R \langle 0, \rho \rangle$ wäre $\aleph_\alpha = F(\gamma, \delta) < F(0, \rho) = F[\rho \times \rho]$. Also wäre $\aleph_\alpha \leqslant \overline{\overline{\rho \times \rho}}$ und $\aleph_\beta := \overline{\overline{\rho}} < \aleph_\alpha$. Aufgrund der Minimalität von α ergäbe sich dann der Widerspruch

$$\aleph_\alpha \leqslant \overline{\overline{\rho \times \rho}} = \overline{\overline{\rho}} \otimes \overline{\overline{\rho}} = \aleph_\beta \otimes \aleph_\beta = \aleph_\beta < \aleph_\alpha .$$

Damit ist die Behauptung gezeigt.   □

Mit Hilfe des Lemmas beweist man folgenden grundlegenden Satz:

(12.2) **Satz:** *Sind κ und λ Kardinalzahlen und ist mindestens eine von beiden unendlich, so gilt*

$\kappa \oplus \lambda = \kappa \cup \lambda = \max(\kappa, \lambda)$ *und*
$\kappa \otimes \lambda = \kappa \cup \lambda = \max(\kappa, \lambda)$, *falls $\kappa, \lambda \neq 0$.*

Insbesondere gilt dann

$$\aleph_\alpha \oplus \aleph_\beta = \aleph_\alpha \otimes \aleph_\beta = \aleph_{\max(\alpha, \beta)} .$$

Beweis: Sei $\delta := \max(\kappa, \lambda) \geqslant \omega$. Nach (12.1) ist $\delta \otimes \delta = \delta$. Da 0 und 1 Elemente von δ sind, gilt $(\delta \times \{0\}) \cup (\delta \times \{1\}) \subset \delta \times \delta$. Also ist $\delta \oplus \delta \leqslant \delta \otimes \delta = \delta$. Mit der Monotonie der kardinalen Addition ergibt sich nun

$$\delta \leqslant \kappa \oplus \lambda \leqslant \delta \oplus \delta \leqslant \delta .$$

Also ist $\kappa \oplus \lambda = \delta = \max(\kappa, \lambda)$. Die Monotonie der kardinalen Multiplikation ergibt

$$\delta \leqslant \kappa \otimes \lambda \leqslant \delta \otimes \delta = \delta .$$

Daher ist auch $\kappa \otimes \lambda = \delta = \max(\kappa, \lambda)$.   □

Summen und Produkte lassen sich in naheliegender Weise auch für beliebige Folgen von Kardinalzahlen einführen. Sei im folgenden I eine nicht leere Menge und $\langle \kappa_i \rangle_{i \in I} \in {}^I\mathrm{Kard}$ eine Folge von Kardinalzahlen. Dann ist die *kardinale Summe über* $\langle \kappa_i \rangle_{i \in I}$ definiert durch

$$\sum_{i \in I} \kappa_i := \overline{\overline{\bigcup_{i \in I} (\kappa_i \times \{i\})}} .$$

Entsprechend ist das *kardinale Produkt über* $\langle \kappa_i \rangle_{i \in I}$ definiert durch

$$\prod_{i \in I} \kappa_i := \overline{\overline{\underset{i \in I}{\times} \kappa_i}} = \overline{\overline{\{\langle \alpha_i \rangle_{i \in I} \mid \alpha_i < \kappa_i \text{ für } i \in I\}}} .$$

Für zweielementiges $I = \{i_0, i_1\}$ ist $\sum_{i \in I} \kappa_i$ nichts anderes als $\kappa_{i_0} \oplus \kappa_{i_1}$.

Denn $\bigcup_{i \in I} (\kappa_i \times \{i\}) = (\kappa_{i_0} \times \{i_0\}) \cup (\kappa_{i_1} \times \{i_1\})$ ist gleichmächtig mit

$(\kappa_{i_0} \times \{0\}) \cup (\kappa_{i_1} \times \{1\})$. Analog ergibt sich im Falle des Produktes

$\prod_{i \in I} \kappa_i = \kappa_{i_0} \otimes \kappa_{i_1}$. Durch $h(\langle \alpha_i \rangle_{i \in I}) := \langle \alpha_{i_0}, \alpha_{i_1} \rangle$ ist nämlich eine Bijektion

von $\bigtimes_{i \in I} \kappa_i$ auf $\kappa_{i_0} \times \kappa_{i_1}$ gegeben.

Für die allgemeineren kardinalen Summen gilt

(12.3)   **Lemma:** *Ist* $\langle a_i \rangle_{i \in I} \in {}^I V$, *so gilt immer die Abschätzung* $\overline{\overline{\bigcup_{i \in I} a_i}} \leqslant \sum_{i \in I} \overline{\overline{a}}_i$.

Beweis: Da $\bigcup_{i \in I} (a_i \times \{i\}) \sim \bigcup_{i \in I} (\overline{\overline{a}}_i \times \{i\})$ ist, und durch $f(x, i) := x$ eine

Surjektion von $\bigcup_{i \in I} (a_i \times \{i\})$ auf $\bigcup_{i \in I} a_i$ definiert ist, erhält man aus (11.4)

und (11.5) sofort die Behauptung.   □

(12.4)   **Lemma:** *Sei* $\langle \kappa_i \rangle_{i \in I} \in {}^I$Kard. *Ist nun die unendliche Kardinalzahl* κ
         eine obere Schranke für die κ_i, *d.h.* $\kappa_i \leqslant \kappa$ *für alle* $i \in I$, *so gilt*

$$\sum_{i \in I} \kappa_i \leqslant \max(\kappa, \overline{\overline{I}}) .$$

Beweis: Sei $\delta := \overline{\overline{I}}$ und $f: I \to \delta$ sei eine Bijektion. Dann ist durch

$h(\mu, i) := \langle \mu, f(i) \rangle$ eine Injektion von $\bigcup_{i \in I} (\kappa_i \times \{i\})$ in $\bigcup_{\nu < \delta} (\kappa \times \{\nu\})$ definiert.

Da aber $\bigcup_{\nu < \delta} (\kappa \times \{\nu\}) = \kappa \times \delta$ ist, folgt mit (12.2):

$$\sum_{i \in I} \kappa_i \leqslant \kappa \otimes \delta = \max(\kappa, \overline{\overline{I}}) .$$ □

In der Klasse der unendlichen Kardinalzahlen, die vielleicht auf den ersten Blick
recht homogen aussieht, lassen sich eine Reihe wichtiger Differenzierungen
treffen. Eine solche ist zum Beispiel durch den Begriff der *Konfinalität* gegeben,
der jetzt erläutert werden soll.

Sei allgemein $\lambda \in$ On eine Limeszahl und es sei $A \subset \lambda$. Dann nennt man A
konfinal in λ, falls es zu jedem $\nu < \lambda$ ein $\rho \in A$ mit $\nu < \rho$ gibt. A ist also
genau dann konfinal in λ, wenn $\bigcup A = \lambda$ ist.

Für Limeszahlen λ definiert man $\mathrm{cf}(\lambda)$, *die Konfinalität von* λ, als die kleinste Ordinalzahl β, zu der eine Funktion $f\colon \beta \to \lambda$ existiert, so daß $f[\beta]$ konfinal in λ ist.

(12.5) **Lemma:** *Die Konfinalität* $\mathrm{cf}(\lambda)$ *ist immer Kardinalzahl und es gilt*

$$\omega \leqslant \mathrm{cf}(\lambda) \leqslant \lambda .$$

Beweis: Ist $f\colon \beta \to \lambda$ mit $f[\beta]$ konfinal in λ gegeben, so ist für $g\colon \bar{\bar{\beta}} \leftrightarrow \beta$ auch $f \circ g\,[\bar{\bar{\beta}}] = f[\beta]$ konfinal in λ. Daher ist $\mathrm{cf}(\lambda)$ eine Kardinalzahl. Da $\lambda \neq 0$ ist, gilt $\mathrm{cf}(\lambda) \geqslant 1$. Wäre $\mathrm{cf}(\lambda) = n + 1 < \omega$, so gäbe es eine Funktion $f\colon n + 1 \to \lambda$ mit $f[n+1]$ konfinal in λ. Dann gäbe es aber ein $k < n$ mit $f(n) < f(k) < \lambda$. Daher wäre schon $f[n]$ konfinal in λ. Die Aussage $\mathrm{cf}(\lambda) \leqslant \lambda$ ist trivial. □

Zum Beispiel ist

$$\omega = \mathrm{cf}(\omega) = \mathrm{cf}(\omega + \omega) = \mathrm{cf}(\aleph_\omega) .$$

Die Behauptung $\omega = \mathrm{cf}(\omega)$ ist nach (12.5) klar. Die beiden anderen Aussagen ergeben sich aus der Konfinalität der Wertebereiche der Funktionen $f(n) := \omega + n$ und $g(n) := \aleph_n$ für $n \in \omega$ in $\omega + \omega$ bzw. $\aleph_\omega = \bigcup_{\nu < \omega} \aleph_\nu$.

Eine unendliche Kardinalzahl κ heißt *regulär*, falls $\mathrm{cf}(\kappa) = \kappa$, und *singulär*, falls $\mathrm{cf}(\kappa) < \kappa$.

Das Beispiel zeigt, daß $\aleph_0$ regulär und $\aleph_\omega$ singulär ist. Die Konfinalität einer Limesordinalzahl λ ist immer eine reguläre Kardinalzahl. Dies folgt sofort aus $\mathrm{cf}(\mathrm{cf}(\lambda)) = \mathrm{cf}(\lambda)$.

Die Aussage von (9.9), daß eine unendliche Menge nicht als Vereinigung von endlich vielen endlichen Mengen geschrieben werden kann, läßt sich auf reguläre Kardinalzahlen verallgemeinern:

(12.6) **Lemma:** *Sei* a *eine Menge mit* $\bar{\bar{a}} = \kappa$ *regulär. Ist dann* $a = \bigcup_{i \in I} a_i$, *so ist* $\bar{\bar{I}} \geqslant \kappa$ *oder es gibt ein* $i \in I$ *mit* $\bar{\bar{a}}_i = \kappa$.

Eine Menge mit regulärer Kardinalzahl κ läßt sich nicht als Vereinigung von weniger als κ-vielen Mengen einer Mächtigkeit kleiner als κ darstellen.

Beweis: Es genügt, Vereinigungen zu betrachten, in denen die Indexmenge I eine Ordinalzahl ist. Sei also $a = \bigcup_{\nu < \delta} a_\nu$ und $\kappa := \bar{\bar{a}} \geqslant \omega$. Wir zeigen, daß aus $\delta < \kappa$ und $\bar{\bar{a}}_\nu < \kappa$ für alle $\nu < \delta$ die Singularität von κ folgt. Setze

$$b_\mu := \bigcup_{\nu < \mu} a_\nu \quad \text{und} \quad h(\mu) := \bar{\bar{b}}_\mu \quad \text{für } \mu \leqslant \delta .$$

Dann ist $h(\delta) = \kappa$. Wähle $\delta_0 \leqslant \delta$ minimal mit $h(\delta_0) = \kappa$. Es ist δ_0 Limeszahl, denn $\delta_0 \neq 0$ und für $\delta_0 = \gamma + 1$ wäre $h(\delta_0) = \overline{\overline{b_\gamma \cup a_\gamma}} < \kappa$. Daraus ergibt sich $\bigcup\limits_{\nu < \delta_0} a_\nu = \bigcup\limits_{\mu < \delta_0} b_\mu$. Wäre nun $\overline{\overline{b_\mu}} = h(\mu) \leqslant \rho < \kappa$ für alle $\mu < \delta_0$, so wäre mit (12.4)

$$\kappa = h(\delta_0) = \overline{\overline{\bigcup_{\nu < \delta_0} a_\nu}} = \overline{\overline{\bigcup_{\mu < \delta_0} b_\mu}} \leqslant \max(\overline{\overline{\rho}}, \overline{\overline{\delta}}_0) < \kappa \ .$$

Also ist $h[\delta_0]$ unbeschränkt in κ, und somit ist κ singulär.   □

Wir zeigen jetzt, daß jede unendliche Nachfolgerkardinalzahl regulär ist.

(12.7)   Satz: *Für alle* $\alpha \in \text{On}$ *ist* $\aleph_{\alpha+1}$ *regulär.*

Beweis: Wäre $\aleph_{\alpha+1}$ singulär, so gäbe es eine Funktion $f\colon \delta \to \aleph_{\alpha+1}$ mit $f[\delta]$ konfinal in $\aleph_{\alpha+1}$ und $\delta < \aleph_{\alpha+1}$. Dann wäre $\aleph_{\alpha+1} = \bigcup\limits_{\nu < \delta} f(\nu)$ und $\overline{\overline{f(\nu)}} \leqslant \aleph_\alpha$. Nach (12.4) wäre dann aber

$$\aleph_{\alpha+1} \leqslant \max(\aleph_\alpha, \overline{\overline{\delta}}) = \aleph_\alpha \ .$$ □

Potenzen von Kardinalzahlen sind spezielle kardinale Produkte. Wir definieren für Kardinalzahlen κ und λ:

$$\kappa^\lambda := \overline{\overline{\{f \mid f\colon \lambda \to \kappa\}}} = \overline{\overline{{}^\lambda \kappa}} \ .$$

Ist $\kappa_\nu = \kappa$ für alle $\nu < \lambda$, so ergibt sich aus $\bigtimes\limits_{\nu < \lambda} \kappa_\nu = {}^\lambda \kappa$ die Gleichung

$$\kappa^\lambda = \prod_{\nu < \lambda} \kappa_\nu \ .$$

Zweierpotenzen lassen sich wie im Endlichen als die Mächtigkeiten von Potenzmengen deuten:

(12.8)   Lemma: *Für alle Mengen* a *ist* $\overline{\overline{P(a)}} = 2^{\overline{\overline{a}}}$. *Insbesondere ist daher* $\overline{\overline{P(\aleph_\alpha)}} = 2^{\aleph_\alpha}$.

Beweis: Da aus $\overline{\overline{a}} = \overline{\overline{b}}$ auch $\overline{\overline{P(a)}} = \overline{\overline{P(b)}}$ folgt, genügt es, die Behauptung für Kardinalzahlen λ zu zeigen. Sei also λ Kardinalzahl. Jeder Teilmenge $x \subset \lambda$ ordnen wir die charakteristische Funktion $f_x\colon \lambda \to 2$ zu. Dabei ist

$$f_x(\nu) := \begin{cases} 1, & \text{falls } \nu \in x \\ 0 & \text{sonst.} \end{cases}$$

Die Funktion $\{\langle x, f_x \rangle \mid x \subset \lambda\}$ ist eine Bijektion von $P(\lambda)$ auf $\{f \mid f\colon \lambda \to 2\}$. Also ist $\overline{\overline{P(\lambda)}} = 2^\lambda$.   □

Aus (11.3) und (12.8) ergibt sich

(12.9)   Korollar: *Für alle* $\alpha \in \text{On}$ *ist* $\aleph_\alpha < 2^{\aleph_\alpha}$.

Einen Vergleich von Potenzen zur Basis 2 mit Potenzen zu anderen Basen gibt zum Beispiel das

(12.10) Lemma: *Für* $\alpha \leqslant \beta$ *ist* $2^{\aleph_\beta} = \aleph_\alpha^{\aleph_\beta}$.

Beweis: Aus $^{\aleph_\beta}2 \subset {}^{\aleph_\beta}\aleph_\alpha \subset P(\aleph_\beta \times \aleph_\alpha)$ ergibt sich mit (12.2) und (12.8)

$$2^{\aleph_\beta} \leqslant \aleph_\alpha^{\aleph_\beta} \leqslant \overline{\overline{P(\aleph_\beta \times \aleph_\alpha)}} = 2^{\overline{\overline{\aleph_\beta \times \aleph_\alpha}}} = 2^{\aleph_\beta}. \qquad\qquad \square$$

(12.11) Lemma: *Für* $\alpha, \beta \in \mathrm{On}$ *gilt* $(2^{\aleph_\alpha})^{\aleph_\beta} = 2^{\max(\aleph_\alpha, \aleph_\beta)}$.

Beweis: Für $f: \aleph_\beta \times \aleph_\alpha \to 2$ sei $f_\nu := \{\langle \mu, f(\nu, \mu) \rangle \mid \mu < \aleph_\alpha\}$ für $\nu < \aleph_\beta$. Dann ist durch $F(f) := \{\langle \nu, f_\nu \rangle \mid \nu < \aleph_\beta\}$ eine Bijektion von $\{f \mid f: \aleph_\beta \times \aleph_\alpha \to 2\}$ auf $\{f \mid f: \aleph_\beta \to {}^{\aleph_\alpha}2\}$ definiert. Daher ist $2^{\overline{\overline{\aleph_\beta \times \aleph_\alpha}}} = (2^{\aleph_\alpha})^{\aleph_\beta}$. Mit (12.2) ergibt sich die Behauptung. $\qquad\qquad \square$

Zum Schluß soll noch eine häufig benutzte Aussage bewiesen werden:

(12.12) Lemma: *Sei* $P_\omega(a)$ *die Menge aller endlichen Teilmengen von* a. *Ist* a *unendlich, so ist* $\overline{\overline{P_\omega(a)}} = \overline{\overline{a}}$.

Beweis: Es gilt

$$\overline{\overline{a}} \leqslant \overline{\overline{P_\omega(a)}} \leqslant \overline{\overline{\bigcup_{n < \omega} {}^na}}.$$

Die Ungleichung $\overline{\overline{a}} \leqslant P_\omega(a)$ ergibt sich aus der Injektivität von $g(x) := \{x\}$. Aus der Surjektivität der Funktion h: $\bigcup_{n < \omega} {}^na \to P_\omega(a)$ mit $h(f) :=$ „Wertebereich von f" erhalten wir die zweite Ungleichung. Nach (12.4) genügt nun der Nachweis von $\overline{\overline{{}^na}} \leqslant \overline{\overline{a}}$, da dann

$$\overline{\overline{\bigcup_{n < \omega} {}^na}} \leqslant \max(\overline{\overline{a}}, \omega) = \overline{\overline{a}}$$

ist. Die Aussage $\overline{\overline{{}^na}} = \overline{\overline{a}}$ für $n \geqslant 1$ ergibt sich durch Induktion. Der Induktionsanfang ist klar. Im Induktionsschritt benutzt man, daß jede Funktion von $n + 1$ in a durch das geordnete Paar $\langle f|_n, f|_{\{n\}} \rangle$ bestimmt ist. Mit (12.2) erhält man für $n \geqslant 1$

$$^{n+1}a \sim ({}^na \times {}^{\{n\}}a) \sim ({}^na \times a) \sim {}^na.$$

Damit ist die Behauptung gezeigt. $\qquad\qquad \square$

Bemerkung: Der Kern des letzten Beweises war die Feststellung, daß für eine unendliche Menge a die Menge $\bigcup_{n < \omega} {}^na$ der endlichen Folgen von Elementen aus a zu a gleichmächtig ist.

Kapitel 13 Das Kontinuum

Die Menge aller reellen Zahlen $\mathbb{R}$ bezeichnet man auch als das *Kontinuum*. Da diese Menge in der Mathematik eine ganz fundamentale Rolle spielt, ist verständlich, daß auch die Frage nach der Mächtigkeit des Kontinuums große Bedeutung hat. Man nennt dieses Problem das (spezielle) Kontinuumsproblem. Man kann nun zeigen, daß das Kontinuum mit der Potenzmenge der natürlichen Zahlen $P(\omega)$ gleichmächtig ist. Hieraus ergibt sich dann $\overline{\overline{\mathbb{R}}} = \overline{\overline{P(\omega)}} = 2^{\aleph_0}$. Das Kontinuumsproblem ist daher gleichbedeutend mit der Frage, welchen Platz $2^{\aleph_0}$ in der Aleph-Folge einnimmt. Aufgrund des bisher von uns Bewiesenen läßt sich nur sagen, daß $2^{\aleph_0} > \aleph_0$ ist. Cantor äußerte schon im Jahre 1878 die Vermutung, daß $2^{\aleph_0} = \aleph_1$ sei. Dies bezeichnet man als die *(spezielle) Kontinuumshypothese.*

Diese Hypothese ist offensichtlich äquivalent zu der Aussage, daß es keine Menge $X \subset \mathbb{R}$ mit $\aleph_0 < \overline{\overline{X}} < 2^{\aleph_0}$ gibt. In der Kontinuumshypothese verbirgt sich eine starke Aussage über die Existenz gewisser Funktionen. Dies wird deutlicher, wenn man folgende Umformulierung vornimmt. Die Kontinuumshypothese ist nämlich äquivalent zur Behauptung, daß zu jeder Teilmenge $X \subset \mathbb{R}$ entweder eine Injektion von X in ω oder eine Injektion von $\mathbb{R}$ in X existiert. Cantor hat diese Aussage — obwohl er anfangs wohl sehr optimistisch war — nicht für alle Teilmengen von $\mathbb{R}$ beweisen können. Er hat gezeigt, daß zu jeder abgeschlossenen bzw. offenen Teilmenge von $\mathbb{R}$ derartige Injektionen existieren (Satz von Cantor-Bendixson). Die allgemeine Aussage blieb unbewiesen.

Neuere Untersuchungen zur Mengenlehre (Gödel 1939 und Cohen 1963) haben gezeigt, daß auf der Basis unserer mengentheoretischen Axiome, sofern diese nur widerspruchsfrei sind, weder eine Widerlegung noch ein Beweis dieser Hypothese möglich ist. Wir werden im Epilog näher auf diese Fragen eingehen.

Die Kontinuumshypothese läßt sich in naheliegender Weise verallgemeinern. Unter der *allgemeinen Kontinuumshypothese* versteht man die Aussage, daß für alle Ordinalzahlen α immer $2^{\aleph_\alpha} = \aleph_{\alpha+1}$ ist. Äquivalent dazu ist die Aussage:

> *Ist* A *eine unendliche Menge, so gibt es keine Menge* B *mit*
> $A \prec B \prec P(A)$.

Daß diese Aussage die Existenz vieler Funktionen beinhaltet, wird deutlich durch einen Satz von Sierpinski (1947). Dieser Satz besagt, daß die allgemeine Kontinuumshypothese (in dieser Formulierung!) das Auswahlaxiom impliziert.

Im folgenden soll gezeigt werden, daß $\overline{\overline{\mathbb{R}}} = 2^{\aleph_0}$ ist. Daran anschließend wird dann der Satz von Cantor-Bendixson bewiesen.

(13.1) Satz: $\mathbb{Z}$ *und* $\mathbb{Q}$ *sind abzählbar, d. h.* $\overline{\overline{\mathbb{Z}}} = \overline{\overline{\mathbb{Q}}} = \aleph_0$.

Beweis: Da $\omega = \mathbb{N} \subset \mathbb{Z} \subset \mathbb{Q}$ ist, folgt $\overline{\overline{\mathbb{Z}}}, \overline{\overline{\mathbb{Q}}} \geq \aleph_0$. Andererseits ist h: $\omega \times \omega \rightarrow \mathbb{Z}$ mit $h(m, n) = m - n$ surjektiv. Also ist auch $\overline{\overline{\mathbb{Z}}} \leq \overline{\overline{\omega \times \omega}} = \aleph_0$. Somit ist $\overline{\overline{\mathbb{Z}}} = \aleph_0$. Weiterhin ist g: $\mathbb{Z} \times (\mathbb{Z} \setminus \{0\}) \rightarrow \mathbb{Q}$ mit $g(x, y) = xy^{-1}$ surjektiv. Daher ist $\overline{\overline{\mathbb{Q}}} \leq \overline{\overline{\mathbb{Z} \times \mathbb{Z}}} = \aleph_0$.   □

(13.2) Satz: $\overline{\overline{\mathbb{R}}} = 2^{\aleph_0} = \overline{\overline{P(\omega)}}$.

Beweis: Die Menge C aller Cauchyfolgen von rationalen Zahlen ist in $^\omega \mathbb{Q} = \{ f \mid f: \omega \rightarrow \mathbb{Q} \}$ enthalten. Da nach (13.1) aber $\overline{\overline{\mathbb{Q}}} = \aleph_0$ ist, folgt

$$\overline{\overline{C}} \leq \overline{\overline{{}^\omega \mathbb{Q}}} = \aleph_0^{\aleph_0} = 2^{\aleph_0}.$$

Die letzte Identität ergibt sich aus (12.10). $\mathbb{R}$ ist der Quotient aller Cauchyfolgen nach dem Ideal der Nullfolgen. Also ist $\mathbb{R}$ homomorphes Bild von C — und somit $\overline{\overline{\mathbb{R}}} \leq \overline{\overline{C}} \leq 2^{\aleph_0}$.

Wir zeigen nun daß es eine Injektion g von $P(\omega)$ in $\mathbb{R}$ gibt. Daraus folgt dann die andere Ungleichung $\overline{\overline{P(\omega)}} = 2^{\aleph_0} \leq \overline{\overline{\mathbb{R}}}$. Für $x \subset \omega$ sei $f_x: \omega \rightarrow 2$ die charakteristische Funktion, d.h.

$$f_x(n) = \begin{cases} 1, & \text{falls } n \in x \\ 0 & \text{sonst.} \end{cases}$$

Wir definieren eine Cauchyfolge $\langle x_n \rangle$ durch

$$\begin{aligned} x_0 &= 0 \\ x_{n+1} &= x_n + f_x(n) \cdot 10^{-(n+1)}. \end{aligned}$$

$\langle x_n \rangle$ definiert eine reelle Zahl $\langle \overline{x_n} \rangle$, die sich in der üblichen Dezimalnotation wie folgt schreibt

$$\langle \overline{x_n} \rangle = 0, f(0)\, f(1)\, f(2) \ldots .$$

Die Funktion $g(x) = \langle \overline{x_n} \rangle$ ist offenbar injektiv. Damit ist der Satz bewiesen.   □

Wir werden jetzt zeigen, daß es nur abzählbar viele algebraische Zahlen in $\mathbb{C}$ gibt. Da $\mathbb{C} = \mathbb{R} \times \mathbb{R}$ — und somit $\overline{\overline{\mathbb{C}}} = 2^{\aleph_0}$ ist, folgt die Existenz überabzählbar vieler transzendenter Zahlen.

Eine komplexe Zahl z heißt dabei *algebraisch,* wenn z Lösung einer Gleichung $x^n + r_1 x^{n-1} + \ldots + r_n = 0$ mit rationalen Koeffizienten r_i ist.

(13.3) Satz: *Die Menge aller algebraischen Zahlen ist abzählbar.*

Beweis: Da eine Gleichung n-ten Grades höchstens n verschiedene Nullstellen in $\mathbb{C}$ haben kann, ist für jedes $n \geq 1$ die Menge

$$\{z \mid z \in \mathbb{C} \text{ und es gibt } r_1, \ldots, r_n \in \mathbb{Q} \text{ mit } z^n + r_1 z^{n-1} + \ldots + r_n = 0\}$$

höchstens von gleicher Mächtigkeit wie die Menge

$$n \times \{\langle r_1, \ldots, r_n \rangle \mid r_1, \ldots, r_n \in \mathbb{Q}\} .$$

Diese Menge hat aber nach (12.2) und (13.1) die Mächtigkeit $\aleph_0$. Die Menge A aller algebraischen Zahlen hat dann höchstens die Mächtigkeit

$$\overline{\overline{\bigcup_{n < \omega} (n \times \aleph_0)}} = \aleph_0 .$$

Da jede rationale Zahl algebraisch ist, ist die Mächtigkeit von A aber gleich $\aleph_0$. □

Völlig analog läßt sich zeigen, daß die Mächtigkeit eines algebraischen Abschlusses $\tilde{K}$ eines Körpers K gleich $\max(\aleph_0, \overline{\overline{K}})$ ist.

Für $z \in \mathbb{R}$ und $X \subset \mathbb{R}$ nennt man gewöhnlich z einen *Häufungspunkt von* X, wenn für jedes $\epsilon > 0$ der Durchschnitt $\{x \mid |x - z| < \epsilon\} \cap X$ unendlich ist. Die *Ableitung* d (X) *einer Menge* $X \subset \mathbb{R}$ ist die Menge aller Häufungspunkte von X. Eine Menge $X \subset \mathbb{R}$ ist genau dann *abgeschlossen*, wenn d (X) $\subset$ X ist. Schließlich heißt eine Menge $X \subset \mathbb{R}$ *perfekt*, wenn d (X) = X ist. – Eine nicht leere perfekte Teilmenge von $\mathbb{R}$ ist also immer unendlich und abgeschlossen. Es gilt

(13.4)   Satz: *Jede nicht leere perfekte Menge $X \subset \mathbb{R}$ hat die Kardinalität $2^{\aleph_0}$.*

Beweis: Für endliche Null-Eins-Folgen $s \in \bigcup_{n < \omega} {}^n 2$ werden wir eine Funktion

$$x : \bigcup_{n < \omega} {}^n 2 \to X \quad \text{mit} \quad x_s := x(s)$$

derart definieren, daß für jede Funktion $f : \omega \to 2$ die Folge $\langle x_{f|_n} \rangle_{n < \omega}$ gegen eine reelle Zahl x_f konvergiert. Die Konstruktion wird so eingerichtet werden, daß für verschiedene Funktionen f_1 und f_2 auch verschiedene Grenzwerte x_{f_1} und x_{f_2} herauskommen. Da jede perfekte Menge abgeschlossen ist, sind auch die Grenzwerte x_f für $f \in {}^\omega 2$ in X. Dann ist aber $F := \{\langle f, x_f \rangle \mid f \in {}^\omega 2\}$ .eine Injektion von ${}^\omega 2$ in die Menge X. Also ist die Mächtigkeit von X mindestens $2^{\aleph_0}$.

Für $s \in {}^n 2$ und $i < 2$ bezeichne

$$s \frown i := s \cup \{\langle n, i \rangle\} \in {}^{(n+1)} 2 .$$

Durch Rekursion über n definieren wir eine Folge von geordneten Paaren $\langle x^{(n)}, \epsilon_n \rangle$ mit

$$x^{(n)} : {}^n 2 \to X \quad \text{und} \quad 0 < \epsilon_n \in \mathbb{R} .$$

Das bedeutet, daß eine Funktion $x = \bigcup_{n < \omega} x^{(n)}$ durch Rekursion über die Länge der endlichen Null-Eins-Folgen eingeführt wird. Gleichzeitig wird eine Hilfsgröße ϵ_n definiert. Sei im folgenden h eine Auswahlfunktion für die nicht leeren Teilmengen von $\mathbb{R}$. Der Rekursionsanfang ist durch

$$x_\emptyset = x^{(0)} (\emptyset) = h(X) \quad \text{und} \quad \epsilon_0 = 2^{-1}$$

gegeben. Im Rekursionsschritt definieren wir $\langle x^{(n+1)}, \epsilon_{n+1} \rangle$ mit Hilfe von $\langle x^{(n)}, \epsilon_n \rangle$ wie folgt:

$$x_s {}^\frown 0 = x_s$$

$$x_s {}^\frown 1 = \begin{cases} h(I_s^{(n)} \cap (X \setminus \{x_s\})), & \text{falls } I_s^{(n)} \cap (X \setminus \{x_s\}) \neq \emptyset \\ x_\emptyset & \text{sonst.} \end{cases}$$

Dabei ist $I_s^{(n)} := \{z \mid |z - x_s| < \epsilon_n\}$ für $s \in {}^n 2$.

Sei d der minimale positive Abstand zweier Punkte aus
$\{x_s \mid s \in {}^{(n+1)} 2\} \cup \{x_s \pm \epsilon_n \mid s \in {}^n 2\}$. Setze nun

$$\epsilon_{n+1} = \min \{d/3, \ 1/2 (n+1)\}.$$

Die Zahl ϵ_{n+1} ist so gewählt, daß die Abschlüsse $\overline{I}_s^{(n+1)}$ der Intervalle $I_s^{(n+1)}$ für $s \in {}^{(n+1)} 2$ paarweise disjunkt sind. Außerdem wird garantiert, daß $\overline{I}_s^{(n+1)} \subset I_{s|_n}^{(n)}$ und $I_s^{(n+1)}$ von einer Länge $\leqslant (n+1)^{-1}$ ist. Durch Induktion über n zeigt man leicht mit Hilfe der Perfektheit von X, daß für alle $s \in {}^n 2$ immer $x_s {}^\frown 0 \neq x_s {}^\frown 1$ gilt. Sei nun $f \in {}^\omega 2$ gegeben. Da für $m \leqslant n$ das Element $x_{f|_m}$ immer im Intervall $I_{f|_m}^{(m)}$ ist, ergibt sich für $n_1, n_2 > m$ immer $|x_{f|_{n_1}} - x_{f|_{n_2}}| < (m+1)^{-1}$. Also ist $\langle x_{f|_n} \rangle_{n < \omega}$ eine Cauchyfolge.

Für $f_1, f_2 \in {}^\omega 2$ mit $f_1 \neq f_2$ betrachte man das minimale m mit $f_1(m) \neq f_2(m)$. Dann ist $f_1|_m = f_2|_m$. Für alle $n > m$ gilt nach Konstruktion

$$x_{f_1|_n} \in \overline{I}_{f_1|_{m+1}}^{(m+1)} \quad \text{und} \quad x_{f_2|_n} \in \overline{I}_{f_2|_{m+1}}^{(m+1)}.$$

Da die beiden Intervalle abgeschlossen und disjunkt sind, ergibt sich, daß die Grenzwerte der beiden Cauchyfolgen $\langle x_{f_1|_n} \rangle_{n < \omega}$ und $\langle x_{f_2|_n} \rangle_{n < \omega}$ verschieden sind.   □

Als nächstes wird der *Satz von Cantor-Bendixson* bewiesen.

(13.5) **Satz:** *Jede abgeschlossene Teilmenge* $A \subset \mathbb{R}$ *läßt sich als Vereinigung einer perfekten Menge* P *und einer höchstens abzählbaren Menge* Y *schreiben.*

Beweis: Die Ableitung einer abgeschlossenen Menge A ist eine abgeschlossene Teilmenge von A. Durch transfinite Induktion wird eine absteigende Kette abgeschlossener Mengen definiert:

$$A_0 := A$$
$$A_{\nu+1} := d(A_\nu)$$
$$A_\lambda := \bigcap_{\nu < \lambda} A_\nu \quad \text{für Limeszahlen } \lambda.$$

Da $A_0 \supset A_1 \supset A_2 \supset \ldots \supset A_\nu \supset \ldots \supset$ ist, gibt es ein kleinstes δ, so daß $A_\delta = A_{\delta+1}$ ist. Anderenfalls wäre eine Injektion der echten Klasse On in die Potenzmenge von A gegeben. Sei $P := A_\delta$. Dann gilt $P = d(P)$, und somit ist P perfekt. Es genügt jetzt zu zeigen, daß $A \setminus P = \bigcup_{\nu < \delta} (A_\nu \setminus d(A_\nu))$ höchstens abzählbar ist.

Die Menge aller geordneten Paare $\langle r_1, r_2 \rangle$ mit $r_1 < r_2$ und $r_1, r_2 \in \mathbb{Q}$ ist abzählbar. Dann ist aber auch die Menge aller offenen Intervalle mit rationalen Randpunkten abzählbar. Sei $\langle I_n \rangle_{n < \omega}$ eine Abzählung dieser Intervalle. Wir definieren eine Funktion $f: A \setminus P \to \omega$ wie folgt: Jedes $x \in A \setminus P$ ist Element genau einer Differenz $A_\nu \setminus d(A_\nu)$. Da x kein Häufungspunkt von A_ν ist, gibt es ein Intervall I_k mit $I_k \cap A_\nu = \{x\}$. Setze für $x \in A_\nu \setminus d(A_\nu)$

$$f(x) := \text{kleinstes } k \in \omega \text{ mit } I_k \cap A_\nu = \{x\}.$$

Damit ist eine Funktion von $A \setminus P$ in ω definiert. Die Einschränkung dieser Funktion auf $A_\nu \setminus d(A_\nu)$ ist offensichtlich injektiv. Wir behaupten, daß f selbst injektiv ist. Dazu ist nur noch $f[A_\nu \setminus d(A_\nu)] \cap f[A_\mu \setminus d(A_\mu)] = \emptyset$ für $\nu < \mu$ zu zeigen. Dies ist aber klar, da aus $I_k \cap A_\nu = \underline{\{x\}}$ und $\nu < \mu$ immer $I_k \cap A_\mu \subset \{x\}$ folgt. Aus der Injektivität von f folgt sofort $\overline{\overline{A \setminus P}} \leqslant \aleph_0$. Damit ist die Behauptung gezeigt.   □

(13.6)   **Korollar:** *Ist* $X \subset \mathbb{R}$ *offen oder abgeschlossen, so ist* $\overline{\overline{X}} \leqslant \aleph_0$
oder $\overline{\overline{X}} = 2^{\aleph_0}$.

Beweis: Für abgeschlossene Mengen folgt die Behauptung sofort aus (13.4) und (13.5).

Da jede offene Menge X Vereinigung über eine Menge von offenen Intervallen ist, folgt, daß $X = \emptyset$ ist oder X enthält ein offenes Intervall $\{z \mid x_0 < z < x_1\}$. Jedes offene Intervall ist aber — wie man sich leicht überlegt — zu $\mathbb{R}$ gleichmächtig. Ist daher $X \neq \emptyset$, so ergibt sich $\overline{\overline{X}} = 2^{\aleph_0}$.   □

Korollar (13.6) läßt sich weiter verallgemeinern. Man kann zum Beispiel zeigen, daß die Aussage des Korollars für Borelsche (und sogar analytische) Mengen richtig ist.

Epilog

Wir wollen nun auf Fragen eingehen, die mit der Axiomatik der Mengenlehre zusammenhängen.

Bei der Formulierung unserer Axiome haben wir im Komprehensionsaxiom (K) den Begriff der Eigenschaft von Mengen benutzt. Dieser Begriff wurde bisher nicht weiter präzisiert. Das wollen wir jetzt nachholen. Bei genauer Durchsicht aller Fälle, in denen wir das Komprehensionsaxiom benutzt haben, zeigt sich nämlich, daß man mit Eigenschaften auskommt, die sich in einer Sprache beschreiben lassen, die wir jetzt vorstellen wollen. Dazu gehen wir etwas formaler als bisher vor. Wir führen eine künstliche Sprache — eine formale Sprache — ein, in der wir die uns interessierenden Eigenschaften exakt beschreiben. Diese formale Sprache wird der mathematischen Umgangssprache sehr ähnlich sein, so daß die richtige Interpretation unmittelbar suggeriert wird.

Unsere formale Sprache enthält als Ausgangsmaterial: *Variablen für Mengen* $x_0, x_1, \ldots, x_i, \ldots$ und *Variablen für Klassen* $X_0, X_1, X_2, \ldots, X_i, \ldots$ sowie Zeichen für

die Identität:	$=$
die Elementbeziehung:	$\in$
nicht:	$\neg$
und:	$\wedge$
oder:	$\vee$
wenn, so:	$\rightarrow$
genau dann, wenn:	$\leftrightarrow$
es gibt:	$\exists$
für alle:	$\forall$
Klammern:	$(\ )$

Primformeln unserer Sprache sind:

$$x \in y, \quad x \in Y, \quad X \in y, \quad X \in Y$$
$$x = y, \quad x = Y, \quad X = y, \quad X = Y$$

wobei kleine Buchstaben Variablen für Mengen und große Buchstaben Variablen für Klassen andeuten.

Aus diesen Primformeln bilden wir dann kompliziertere *Formeln*. Dies geschieht induktiv, d.h. wir beschreiben, wie man aus Formeln, die man schon hat (etwa Primformeln), kompliziertere herstellt:

Sind φ und ψ Formeln (Formeln werden wir immer mit den griechischen Buchstaben φ, ψ, χ bezeichnen), so auch

$(\varphi \wedge \psi)$	lies: φ und ψ	(Konjunktion)
$(\varphi \vee \psi)$	lies: φ oder ψ	(Disjunktion)
$(\varphi \to \psi)$	lies: wenn φ, so ψ	(Implikation)
$(\varphi \leftrightarrow \psi)$	lies: φ genau dann, wenn ψ	(Äquivalenz)
$\neg \varphi$	lies: nicht φ	(Negation)
$\forall x \, \varphi$	lies: für alle x: φ	(Generalisierung)
$\forall X \, \varphi$	lies: für alle X: φ	(Generalisierung)
$\exists x \, \varphi$	lies: es gibt x: φ	(Partikularisierung)
$\exists X \, \varphi$	lies: es gibt X: φ	(Partikularisierung)

Die Zeichen $\forall$, $\exists$ werden als *Quantoren* bezeichnet. Wir wollen noch einige Sprechweisen einführen. Wir sagen:

a) ein Vorkommen der Variablen x bzw. X in der Formel φ heißt *gebunden*, wenn es im ‚Wirkungsbereich' einer Quantifikation $\forall x$ oder $\exists x$ bzw. $\forall X$ oder $\exists X$ liegt,

b) jedes andere Vorkommen der Variablen x bzw. X in der Formel φ heißt *frei*,

c) φ ist eine *prädikative Formel*, falls in φ keine Quantifikation $\forall X$ bzw. $\exists X$ vorkommt (sonst heißt φ *imprädikativ*).

Zum Beispiel kommen in der prädikativen Formel

$$\forall x \, (x \in y) \vee \exists y \, (y = Z)$$

die Variablen y, Z frei und die Variablen x, y gebunden vor.

Nach diesen Vorbereitungen sind wir nun im Stande, das *Komprehensionsschema* genau zu formulieren:

(K)   Für jede prädikative Formel φ, in der Y nicht frei vorkommt, ist

$$\exists Y \forall z \, (z \in Y \leftrightarrow \varphi(z))$$

ein Axiom. (Dabei können in φ beliebige andere Parameter frei vorkommen.)

(K) besteht aus unendlich vielen Axiomen, die nach einem festen Schema zu jeder geeigneten Formel φ gebildet werden. Man nennt daher **(K)** ein *Axiomenschema*.

Auch die anderen Axiome lassen sich leicht in dieser formalen Sprache notieren:

(A) $\forall X \forall Y \, (X \in Y \to \exists z \, z = X) \wedge \forall x \exists Y \, x = Y$

(E) $\forall X \forall Y \, (\forall z \, (z \in X \leftrightarrow z \in Y) \to X = Y)$ *(Extensionalitätsaxiom)*

(M0) $\exists x \forall y \, \neg \, y \in x$ *(Nullmengenaxiom)*

(M1) $\forall a \forall b \, \exists x \forall z \, (z \in x \leftrightarrow (z = a \vee z = b))$ *(Paarmengenaxiom)*

(M2) $\forall a \, \exists x \forall z \, (z \in x \leftrightarrow \exists x_1 \, (x_1 \in a \wedge z \in x_1))$ *(Vereinigungsmengenaxiom)*

eigentlich eine Menge ist. Insofern ist der Hinweis, daß eben die Mengen ein Modell der Mengenlehre sind, zirkulär.

Aus einem Resultat von Gödel ergibt sich, daß der Nachweis der Widerspruchsfreiheit der Axiome der Mengenlehre mit elementaren Mitteln nicht möglich ist. Trotz Fehlens eines Widerspruchsfreiheitsbeweises besteht bei fast allen Mathematikern die Auffassung, daß die Axiome der Mengenlehre widerspruchsfrei sind, da ihnen bewährte Verfahren und Vorstellungen zugrunde liegen. Um Bewiesenes von Überzeugungen zu trennen, werden bei Resultaten zur Axiomatik der Mengenlehre oft Zusätze wie „Wenn gewisse Axiome der Mengenlehre widerspruchsfrei sind, so gilt …" gebraucht.

Aus dem Satz, daß in NBG und ZFC die gleichen Aussagen über Mengen beweisbar sind, folgt insbesondere, daß NBG und ZFC äquikonsistent sind, d.h. NBG ist genau dann widerspruchsfrei, wenn ZFC widerspruchsfrei ist.

Die Widerspruchsfreiheit von NBG vorausgesetzt, kann man zeigen, daß gewisse Axiome nicht aus den übrigen beweisbar sind. Wenn man nämlich die Elemente der von Neumannschen Stufe V_ω als Mengen ansieht und die Teilmengen von V_ω als Klassen, so bestätigt man leicht, daß alle Axiome — außer dem Unendlichkeitsaxiom — gelten. Also ist das Unendlichkeitsaxiom nicht aus den übrigen Axiomen beweisbar. Analog läßt sich zeigen, daß auch das Ersetzungsaxiom nicht aus den übrigen Axiomen herleitbar ist. Man erklärt nämlich die Elemente von $V_{\omega+\omega}$ zu Mengen und die Teilmengen von $V_{\omega+\omega}$ zu Klassen. Dann gelten alle vom Ersetzungsaxiom verschiedenen Axiome. Das Ersetzungsaxiom gilt bei dieser Deutung nicht, da $\omega \in V_{\omega+\omega}$ ist und das Bild von ω unter der funktionalen Klasse $F := \{\langle n, \omega+n\rangle \mid n \in \omega\} \subset V_{\omega+\omega}$ nicht Element von $V_{\omega+\omega}$ ist:

$$F[\omega] = (\omega+\omega) \setminus \omega \notin V_{\omega+\omega}.$$

Neben diesen trivialen Unabhängigkeiten gibt es eine Vielzahl von schwierigen relativen Widerspruchsfreiheits- und Unabhängigkeitsbeweisen. Zum Beispiel hat Gödel 1939 gezeigt, daß aus der Widerspruchsfreiheit von NBG ohne Auswahlaxiom auch die Widerspruchsfreiheit von NBG mit Auswahlaxiom und allgemeiner Kontinuumshypothese folgt. — Andererseits hat P. Cohen 1963 gezeigt, daß — falls NBG widerspruchsfrei ist — sich weder das Auswahlaxiom noch die Kontinuumshypothese aus den übrigen Axiomen beweisen lassen. Dies gilt nach einer früheren Bemerkung dann auch für das System ZFC.

Wenn man unsere Axiome weiter durchmustert, so fällt auf, daß in mathematischen Beweisen das Fundierungsaxiom eigentlich nie benötigt wird. Auch in unserem Aufbau der Mengenlehre ist vom Fundierungsaxiom nur wenig Gebrauch gemacht worden. Es zeigt sich, daß an den meisten Stellen der Gebrauch dieses Axioms durch ein wenig kompliziertere Argumente umgangen werden kann. Insbesondere läßt sich die Ordinalzahltheorie weitgehend unabhängig vom Fundierungsaxiom entwickeln. Auch die von Neumannschen Stufen V_α für $\alpha \in On$ lassen sich unabhängig vom Fundierungsaxiom einführen. Der Nachweis jedoch, daß jede Menge in einem V_α vorkommt, macht wesentlichen Gebrauch vom Fundierungsaxiom. Verzichtet man auf dieses Axiom, so kann man zwar die Klasse

$$R := \bigcup_{\alpha \in On} V_\alpha$$

bilden, aber man kann nicht mehr zeigen, daß $R = V$ ist. Bei näherer Betrachtung zeigt sich jedoch, daß, wenn man nur Elemente und Teilklassen von R betrachtet, die Relativierungen aller NBG-Axiome auf diesen Bereich beweisbar werden. Das Fundierungsaxiom in R ergibt sich aus dem Faktum, daß jedes Element x von R einen Rang $Rg(x) \in On$ hat. Für $x \in y \in R$ gilt $Rg(x) < Rg(y)$. Dann gibt es aber in jeder nicht leeren Teilklasse $A \subset R$ Elemente x mit minimalem Rang. Für ein solches x ist aber notwendigerweise $x \cap A = \emptyset$. Daher ist die Fundiertheit von Teilklassen von R in NBG ohne Fundierungsaxiom beweisbar.

Man kann sich also bei allen üblichen Konstruktionen auf den „fundierten" Teil R zurückziehen und „pathologische" Mengen, die zum Beispiel Element von sich selbst sind, vernachlässigen. Dies erlaubt oft eine Vereinfachung der Beweise — und ergibt über die von Neumannschen Stufen ein klareres Bild der Mengenwelt. — Aus diesen Gründen wird das Fundierungsaxiom allgemein akzeptiert.

Über die Annahme des Auswahlaxioms besteht bei den meisten Mathematikern keinerlei Zweifel. Dieses Axiom wird in weiten Bereichen der Mathematik wesentlich benötigt.

Anders liegen die Dinge bei der allgemeinen und speziellen Kontinuumshypothese. Klare, einsichtige Prinzipien und Vorstellungen, die zu einer Annahme oder Ablehnung dieser Hypothesen führen, liegen bis heute nicht vor. Aus diesem Grunde wird in allen Beweisen, die diese Hypothesen oder ihre Negationen benützen, dies immer ausdrücklich vermerkt.

Literaturhinweise

(eine kleine Auswahl)

Einführungen und Lehrbücher zur Mengenlehre:

H. D. Ebbinghaus: Einführung in die Mengenlehre; Wissenschaftliche Buchgesellschaft, Darmstadt 1977.

P. R. Halmos: Naive Mengenlehre; Vandenhoeck & Ruprecht, Göttingen 1972.

F. Hausdorff: Grundzüge der Mengenlehre; Reprint. Chelsea, New York 1965.

T. Jech: Set Theory; Academic Press, New York-San Francisco-London 1978.

K. Kunen: Set Theory. An Introduction to Independence Proofs; North Holland, P.C., Amsterdam 1980.

A. Levy: Basic Set Theory; Springer, Berlin-Heidelberg-New York 1979.

Zum Aufbau des Zahlsystems:

E. Landau: Grundlagen der Analysis; Reprint. Wissenschaftliche Buchgesellschaft, Darmstadt 1963.

A. Oberschelp: Aufbau des Zahlsystems; Vandenhoeck & Ruprecht, Göttingen 1976.

Zur Entwicklung der Mengenlehre:

G. Cantor: Gesammelte Abhandlungen mathematischen und philosophischen Inhalts; Reprint. Olms, Hildesheim 1962.

U. Felgner (Herausgeber): Mengenlehre; Wissenschaftliche Buchgesellschaft, Darmstadt 1979.

Symbolverzeichnis

Namens- und Sachwortverzeichnis

vieweg studium

Grund- und Aufbaukurs Mathematik

Gerhard Frey, **Elementare Zahlentheorie**
1984. IX, 119 S. 12,5 X 19 cm. Pb.

Gerd Fischer, **Analytische Geometrie**
Mit 123 Abb. 3., neu bearb. Aufl. 1983. VIII, 212 S. 12,5 X 19 cm. Pb.

Gerd Fischer, **Lineare Algebra**
Unter Mitarbeit von Richard Schimpl. Mit 37 Abb. 8., durchges. Aufl. 1984. VI, 248 S. 12,5 X 19 cm. Pb.

Otto Forster, **Analysis**
Band 1: Differential- und Integralrechnung einer Veränderlichen. Mit 44 Abb. 4., durchges. Aufl. 1983. VI, 208 S. 12,5 X 19 cm. Pb.
Band 2: Differentialrechnung im $\mathbb{R}^n$, Gewöhnliche Differentialgleichungen. Mit 29 Abb. 5., durchges. Aufl. 1984. IV, 164 S. 12,5 X 19 cm. Pb.
Band 3: Integralrechnung im $\mathbb{R}^n$ mit Anwendungen. Hrsg. von Gerd Fischer. 3., durchges. Aufl. 1984. VIII, 285 S. DIN C 5. Pb.

Wolfgang Fischer und Ingo Lieb, **Funktionentheorie**
Hrsg. von Gerd Fischer. Mit 47 Abb. 4., neubearb. Aufl. 1985. X, 266 S. DIN C 5. Pb.

Ernst Kunz, **Ebene Geometrie**
Axiomatische Begründung der euklidischen und nichteuklidischen Geometrie. Mit 15 Abb. und 97 Figuren. 1976. 160 S. 12,5 X 19 cm. Pb.

Ernst Kunz, **Einführung in die kommunikative Algebra und algebraische Geometrie**
Hrsg. von Gerd Fischer. Mit 18 Abb. und 185 Übungsaufgaben. 1980. X, 239 S. DIN C 5. Pb.

Joseph Maurer, **Mathemecum**
Begriffe — Definitionen — Sätze — Beispiele. Unter Mitarbeit von Ulla Kirch. Mit 7 Abb. 1981. VIII, 267 S. 12,5 X 19 cm. Pb.

Manfredo P. do Carmo, **Differentialgeometrie von Kurven und Flächen**
Hrsg. von Gerd Fischer. Mit 170 Abb. 1983. IX, 263 S. DIN C 5. Pb.

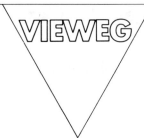

Gerhard Frey
Elementare Zahlentheorie
1984. IX, 119 S. 12,5 X 19 cm. (vieweg studium, Bd. 56, Grundkurs Mathematik.) Pb.

Diese Einführung in die Zahlentheorie richtet sich an Mathematikstudenten ab dem 3. Semester. Der Inhalt wird durch die folgenden Stichworte beschrieben:

Konstruktion von $\mathbb{Q}$ — Teilertheorie in $\mathbb{Q}$ — Kongruenzen — Struktur von $\mathbb{Z}/m$, simultane Kongruenzen und Primitivwurzeln — reelle Zahlen als Komplettierung von $\mathbb{Q}$, Zifferndarstellung und Kettenbrüche — Konstruktion der p-adischen Zahlen $\mathbb{Q}_p$ — Nullstellen von Polynomen in $\mathbb{Q}_p$. Newtonsches und Henselsches Lemma — Bestimmung der Bewertungen von $\mathbb{Q}$ (Satz von Ostrowski) — quadratische Reste, Quadratklassen und Hilbertsymbol) — quadratisches Reziprozitätsgesetz und die Produktformel für die Hilbertsymbole — quadratische Formen über $\mathbb{Q}$ und $\mathbb{Q}_p$, der Satz von Hasse-Minkowski — Quadratische Zahlkörper — der Primzahlsatz von Dirichlet.